Im hohen
— Berg und
tiefen Tal

HEIKO VON PRITTWITZ UND GAFFRON

Im hohen Berg und tiefen Tal

GLÜCKSMOMENTE
EINES JÄGERLEBENS

KOSMOS

Für meine Kinder

„Gucki“ – Kora Marie-Therese Hella,
„Maxi“ – Maximilian-Lennart Moritz,
„Trissi“ – Tristan Benedict Moritz und
„Vinni“ – Vincent-Hendrik Moritz

Inhalt

In der Steiermark

Auf die Aspenlaub-Gams

Die Gams hatte mit einer Aspe tatsächlich nichts zu tun. Oder mit deren Laub. Populus tremula gab es hier heroben auf den Zweitausendern nicht. Nein, es waren Franz und ich, die beizeiten „wie Aspenlaub gezittert hatten". Das Zittern aber war der Gams geschuldet – der fahlen Geiß von der Gartleralm.

Tags zuvor hatten wir einen Bock, dann eine Geiß vom Bergkessel in den Schattenhang und hoch hinaus über den Grat ziehen sehen. Die Geiß, wie sie halbstundenlang auf dem Gugel unterhalb der Geröllhalde unerreichbar weit im weiten Rund gestanden und unablässig gesichert hatte, war uns aufgefallen – ihre Decke hell und fahl, die Krickel von guter Höhe, im Gebäude feist und schwer und offensichtlich ohne Kitz. Wenn denn auch nicht wirklich steinalt, so doch ein Stück, das man guten Gewissens der Wildbahn entnehmen durfte. Vorausgesetzt, Artemis, mehr noch Petrus, ließen uns gewähren. Anno 2013 inmitten des Oktobers – der Winter war mit seinen Vorboten über Berg und Tal und uns hereingebrochen, und das Wild war deswegen sehr genügsam in Bewegung oder gar nicht. Von der Hütten, der oberen Gartleralmhütte, stocherten wir mit Glas und Spektiv im Dunst herum, um das Wild, das nur spärlich in Anblick kam, zu bestätigen, zu bewerten, immer auf der Suche nach einem guten Stück. Nebel- und Wolkenbänke im Wechsel taten uns die Augen- und Bergpirsch schwer, wenn wir denn überhaupt in den Berg stiegen. An Passion und Willen mangelte es nicht, und so war uns trotz widrig-winterlicher Witterung nicht bange.

Drunten im Tal, im Flecken Krakauschatten, beim Jagawirt, waren einmal mehr unsere Familienlager aufgeschlagen: Thomas, Petra und Luis; und Conny, Maxi, Trissi, Vinni und ich. Dazu erstmals Jungjägeranwärter und Neffe Raoul. Nicht alle wollten, konnten oder durften in den Berg, drum arrangierten wir der passionierten Jugend eine Fischerei am Schattensee auf Hecht und Barsch, und am örtlichen Badesee eine Fischwaid auf Forelle, Saibling und Renke. Uns Jünger in Huberto zog es derweil mächtig zum Berg – der Gamsen wegen. Onkel Franz und Neffe Hans, Bergbauer der eine, Hausbauer der andere, wollten und sollten uns wie ehedem führen.

Die ersten Tage schleppten sich so dahin, die grandiose Kulisse, teils im Dunst, teils im Flockengewirbel verhüllt, erahnten wir mehr, als dass wir sie bewundern konnten. Wenn aber die Sonne durch den Nebel brach, dann war der Ausblick atemberaubend.

So auch der Aufstieg. Denn nun hieß es, eiligst die Gunst der Stunde nutzen, und da hatten wir uns nach schwersteilem Aufstieg in den Sonnenhang gehockt, und von höchster Warte auf unerreichbarem Piz schaute ein starker Gams zu uns herab, recht herablassend, so meinte man, denn der Platzbock war sich seiner überlegenen Position sicher. Im himmelhohen Blau darüber kreisten zwei Steinadler, auch sie auf Beute aus, nun da die Sicht auf endlos war. Eilige Tannenhäher flogen hin und her, Kolkraben riefen hie und da, und weiter unten kollerte der kleine Hahn zur Hahnenfalz, derweil weit herüben im lichten Bergwaldhang Rotwild stand – es schien, als erwachte die Bergwelt zum Leben, wann immer die Sonne schien.

Franz war morgens daheim geblieben, angesichts der allgemeinen Wetterlage deuchte ihm unser Unterfangen gleichermaßen furchtlos wie fruchtlos. Aber wir vier lagen da oben in Sonnenschein und Schnee, der glitzerte und gleißte, und mochten mit nichts und niemandem das Dasein im Berge tauschen.

Das halbe Dutzend Scharwild links im Hang, das Freund Hans als Erster ausgemacht hatte, stand oder zog äsend von Beerkräutern zu Wachholderplacken, oder ruhte dort, wo es Windschatten gab. Da war kein Hinkommen, es hätte wohl für einen Schuss gereicht, aber die Schlucht war abgründig steil an beiden Flanken und zum Tal, und bizarrer Fels und dichtes Gesträuch hätten von vornherein ein Nachstellen und Bergen der gedachten Beute vereitelt. Und von ganz oben lugte der starke Gams und lockte!

Beobachten macht Reiz und Hunger! Speck und Brot und harter Käse, dazu eine gute Thermoskanne Tee mit Tuner – die Vesper aus dem Rucksackl – hätte königlicher nicht sein können. Am Bergspitz bildete sich ein Tuch von Grau, das Tuch wurde zum wölkenden Brodem: Das Wetter drängte zum Abbruch, Aufbruch und Abstieg.

Gerade da entdeckte Hans den Bock im Gegenhang! Weit entfernt. Zielstrebig zog er aus dem tiefer gelegenen Kessel diagonal die Schattenwand, die Geröllhalde herauf, ohne Unterlass und Pause. Mal verloren wir ihn im Steilhang aus den Augen, dann entdeckte einer ihn schon weiter oben, bis der Bock in einer Rinne, vom Fels verdeckt, auf den Grat gelangte und auf das Plateau zog. Da verhielt er einmal, sicherte über sein Revier und entschwand endgültig hinter einem Felsköpferl.

Plötzlich sah ich unten auf dem Rundkopf die Geiß! Und die war heiß, die passte! Nach einer schieren Ewigkeit trollte und folgte sie auf unsichtbarem Pfad dem Wechsel in den Berg, hoch und höher zog sie hinauf, als sich unsere Gläser und Spektive an ihr festsogen. Die Geiß tat es dem Bock nach, und als sie am Grat verschwunden war, begaben wir uns eiligst zu Tale.

Es war auch allerhöchste Zeit, das Wetter hatte umgeschlagen, grau greinten nun die Wolken, wild wirbelten die Flocken, und der Wind fetzte Nebel allüberall und in die Gartleralm. Als wir das Gebirgsbächle überschritten, welches an der Hütte breit gefächert über Rasen und Geröll und unaufhörlich zu Tale plätscherte, da quoll dicker Rauch aus dem Hüttenschlot und vergesellte sich mit dem Nebel. Franz hatte sich vom Tal zur Hütte aufgemacht, und da es ihn immerzu fror, denn auch er rauchte wie ein Schlot, hatte er ein behagliches Feuer im Kamin entfacht.

Wir traten in die warme Stub'n, da stand Franz schmauchend am Ofen, den Blick hinaus zum Fenster in das graue, weiß-wallende Wirrwarr, und er begrüßte uns auf allerliebste Weise: „Pfuit Eich, Sacklzement, zefix nochamal, a Scheißn is!" Damit war alles gesagt – was folgte, war ein langer, feuchter Hüttennachmittag, herinnen wie heraußen ... Nunc est bibendum!

Überhaupt der Franz, der Beständer! Ein kerniger Bergbauer ist er, ein Jager vor dem Herrn, hoch aufgewachsen, gertenschlank, zäh, sehnig und ausdauernd, mit tausend Lachfalten um die stahlblauen Augen, dreimal durchs Ohr gekniffen und verschalkt, und bei Damen sehr charmant – ein Hans Albers der Berge! Mit seinen 63 Jahren steigt er einer Bergziege gleich den steilsten Pfad hinauf, balanciert seelenruhig auf schmalstem Grat am schroffen Hang, pafft dabei ständig eine „Ernte 23", denn der Wind muss geprüft werden! Sein „Kimmst scho?!", dabei den Rauch der Zigarette ausblasend, ist legendär: etwas von oben herab in Position wie Bedeutung, wenn er dann gerade leichtfüßig auf einen Block von Fels gefedert ist, auf einen herabblickt und wartet, während man selber dampfend und schwitzend versucht, seinen langen Haxen einigermaßen erhaben und würdig zu folgen … Augen hat er wie ein Luchs. Gott sei es gedankt, dass er relativ wortkarg ist, und diese Bescheidenheit im Umgang mit dem Worte durch zwar ebenso sparsame, aber bedeutungsvolle wie inhaltsreiche Bewegungen kompensiert – von seinem obersteirischen Gespräch verstand ich nämlich rein gar nichts. Bestenfalls zwanzig Prozent, wenn ich mich gehörig anstrengte und Franz hochdeutsch sprach! Ersteres passierte immer, Letzteres nimmer.

Und dann der Hans! Der Neffe vom Franz. Auch so ein Bergler, ein strammer. Jahrgang 1957. Ein Ferrari del Monte. Ein Bergfex. Wenn man meinte, bereits im vierten Gang bergauf oder bergab zu steigen, so war das für Hans in etwa der Kriechgang. Mit der Sicherheit, Schnelligkeit und Eleganz einer Gams schritt er vom Berg herab, dass es eine Freude war, ihm dabei zuzuschauen. Leider war einem das selten vergönnt, man fiel sonst hoffnungslos zurück. Wenn ich an Waidgerechtigkeit denke, an die Kunst der Jagd, an Bescheidenheit, dann denke ich an Hans. Ein guter, ein treuer, ein bester Freund!

Hans und Franz: Die beiden konnten über ein komplexes Thema eine angeregte, interessant-tiefgründige Unterhaltung auf Stunden führen und dabei vielleicht ein halbes Dutzend Sätze austauschen: „Chra … woißt scho … di Goisn?!" Pause. „Chra … no." Pause. „Chra … nix is, di ganget do heroben nüber. Chra?!" Pause. „Chra … no." … So in etwa klang ihre Unterhaltung auf Hochdeutsch über die Länge einer Viertelstunde. Der Flachländler durfte nun auf gar keinen Fall den unverzeihlichen Fehler begehen, dieses wortreiche Gespräch als oberflächlich, unergiebig und wenig zielführend wie langsam abzutun. Das genaue Gegenteil war der Fall! Denn ihm waren die unterschiedlichen tonalen Nuancen der „Chra's" und „No's" und damit deren verschiedenste inhaltliche Bedeutungen gar nicht klar, nie nicht gegenwärtig. Interpretationswelten waren das! Und wiewohl ich kein einziges Wort verstanden hatte, hatten Hans und Franz sich ausgiebig über einen komplizierten, jagdlichen Sachverhalt ausgetauscht und waren zu einem der Sachlage entsprechenden und durchaus profunden Ergebnis gekommen. Quod erat demonstrandum!

Anderntags brachen wir beizeiten zur oberen Gartleralmhütte auf: Hans, Franz, Tom und ich. Denn das Wetter und unsere Schädel klarten zunehmend auf! Raoul war an diesem Morgen freiwillig bei unseren vier Jungs geblieben und wollte mit ihnen Fischen gehen, die Damen eine Spazier- und Shoppingfahrt ins nahegelegene Murau machen.

Neffe Raoul hatte am Vortag beim Abstieg aus dem Berg trotz aller körperlichen Fitness aufgrund einer noch nicht vollständig ausgeheilten Knieverletzung unser Tempo nur mit großer Mühe halten können. Und heute sollte es hoch hinaus gehen, und am besten mit Beute zurück! Dabei wollte er uns kein Klotz am Bein sein, wie er wort- und gestenreich erläutert hatte, zumal er denn auch noch nicht selber jagen, sehr wohl aber die Fischwaid aufgrund seines kürzlich erworbenen Fischereischeines ausüben durfte. Nobel, nobel, wollte man meinen. Allerdings beschlich Tom und mich der leise Verdacht, dass es ihm nach dem Hüttenzauber vom Vortage am Kopfe doch noch recht schwer war …

Ja, Raouls denkwürdige Fischereiprüfung: Wie es seinem Temperament, seiner Intelligenz und Fantasie entsprach, hatte er sich gründlichst vorbereitet, und er hatte nun detailliert und kenntnisreich dem – wohlgemerkt – in allen Fischereiarten seit Jahrzehnten sehr erfahrenen Prüfer die Nachteile einer gewissen Abu-Garcia-Baitcaster-Rolle beim Brandungsangeln erläutert. Das Notenergebnis der Prüfung war dann auch „Eins plus, mit Sonderpunkten für Klugscheißerei"!

An der Hütte empfing uns die ganze Pracht der Bergwelt, die Sonne strahlte vom blauen Himmel, ein laues Lüftchen säuselte vom Berg herab ins Tal, das Bacherl gluckerte vor sich hin, hie und da lag noch Schnee, aber so viel und lange wir auch in die umgebenden Gipfel spekulierten, es war nicht ein einziges Stück zu finden. Lediglich zwei Steinadler zogen ihre Kreise im großen Rund. Wir hockten uns auf das Hüttenbankerl und beratschlagten. Genauer gesagt: Hans und Franz beratschlagten, und Tom und Heiko versuchten, so viel als irgend möglich zu verstehen – fast gar nichts. Nur so viel, als dass wir in den Schattenhang aufsteigen und uns hernach trennen wollten.

Unser Aufstieg hatte eine gute Stunde gedauert, und schon kurz nach der Gartleralm hatten Hans und Tom einen anderen Steig genommen, denn sie wollten die Jagd auf der Hochebene suchen, dort, wo am Vortag die Gamsen hinaufgezogen waren. Im hohen Föhren- und Lärchenwald waren Franz und ich in steilem Gebiet über Gesteinsbrocken, Harsch- und Weichschnee und wirre Krautplacken gekraxelt, oder auch nicht, wenn meistens ich in einem der unsichtbaren Lunker hüfttief versank. Ich fragte mich, wie es Franz schaffte, nicht in diese Löcher zu geraten, obwohl ich doch fast nur in seine Stapfen trat. Aber nur fast! Und angesichts der körperlichen Herausforderung hatte ich wenig übrig für die frische Rothirschfährte aus der letzten Nacht. – „Kimmst scho?!"

Endlich angekommen, hockten wir uns unter eine Zirbel, nahe der Stelle, an der ich im Vorjahr eine betagte Einser-Gamsgeiß aus dem Berg geschossen hatte. Allerdings war heuer unser Sitzplatz kommoder – Franzens andere Jagdgäste hatten erst im August ein Bankerl aus Lärchenholz gezimmert, recht roh, aber gerecht und durchaus dem Zwecke genügend sowie landschaftlich eingepasst. Man konnte ermüdungsfrei in den steilen Berg anhalten.

Der Hang war leer. Ein Lüftchen wehte vom Berg herab, was, nachdem wir Platz genommen hatten, Franz links, ich rechts an der mächtigen Zirbel, mit einer „Ernte 23“ bestätigt und für gut befunden wurde. Nach dem Aufgang war mir heiß, und so streifte ich lediglich meine leichte Jacke über, nicht aber meine dicke Lodenjoppe. Das war ein Fehler! Wir saßen im Sonnenschein, der eine paffte, der andere gaffte, und Franz meinte, er müsse, wenn die Schachtel leer sei, schnell hinab ins Tal schreiten, um eine neue „Ernte“ zu beschaffen. So viel verstand ich dann doch, und als ich ihn entgeistert ansah, da grinste er schalkhaft und zog eine neue Schachtel aus seinem Rucksackl hervor. Und schon glimmte der Stängel – Gott war es gedankt, dass das Lüftchen und der Tobaksqualm zur Linken gen Tal wehten.

Ich legte mein Glaserl auf die Brüstung und besichtigte die Gegend, Franz legte sein Stirnderl auf die Brüstung und besichtigte auch die Gegend, aber mehr so nach innen! Mir war es recht, es war ruhig, die Stimmung friedevoll, blauer Himmel, die Sonne stand gerade über dem Grat und wärmte. Wo mochten wohl Hans und Tom sein? Franz betrachtete jetzt etwas geräuschvoller sein Inneres, und nur gelegentlich bewegte er sich und schob und zupfte seine Decke oder Joppe zurecht. Ich schaute mir die Augen aus dem Kipferl, aber soviel ich auch glotzen mochte, eine Gams wollte sich partout nicht zeigen.

Die Sonne war jetzt hinter einem hohen Gipfelspitz verschwunden, die Luft bewegte sich wenig schneller, und es begann mir zu frösteln. Aber zu faul, meine Joppe, die ich der Einfachheit halber als Sitzdecke zweckentfremdet hatte, unter meinem Allerwertesten hervorzuziehen, oder eine Wolldecke aus meinem Rucksack zu zaubern, fröstelte ich lieber vor mich hin. Außerdem sollte Franzens Schönheitsschlaf nicht unterbrochen werden, mir dünkte, er würde dann doch nur den Wind prüfen müssen!

Es war so gegen zehn Uhr, wir hatten wohl um eine Stunde auf der Bank gehockt, da entdeckte ich oben am Grat im Weiß eine

Gams, und die Gams stand schwarz gegen das Weiß und gegen das Blau des Himmels, und sie stand nur so da und schaute unverwandt hinab in den Steilhang. Aus dem Nichts war sie gekommen, die fahle Gamsgeiß vom Vortag, und nur der Scherenschnitt machte sie dunkel im Kontrast.

Ich knuffte Franz in die Rippen, und er kramte seinen Entfernungsmesser heraus, und die Gams stand unbeweglich mehr als dreimal hundert Meter entfernt. Ich nahm Maß mit der Kipplaufbüchse, aber die Gams stand weit und hoch, und sie lugte hinab in den Hang. An einen Schuss war nicht zu denken, denn sie stand zu weit, und hätte ich sie getroffen, so wäre sie unrettbar verloren gewesen, denn zu schroff war der Hang unter ihr. Da legte ich die Büchse zur Seite und betrachte die Gams, wie sie unverwandt in den Kessel schaute.

„A Ruh is“, murmelte Franz und zündete sich eine Zigarette an. Mich fror und den Franz fror es auch, aber die Gams stand am Grat und äste von was auch immer dort oben an Flechten, Moosen und Kraut gedeihen mochte. Als sie hinter einem Kipferl verschwand, da senkte Franz seine schwere Stirn auf die Brüstung und ließ den Herrgott einen guten Mann sein. Ich, vom Ehrgeiz getrieben, glaste die nähere und weitere Bergwelt ab, verrenkte mir bald das Kreuz und entdeckte nichts.

Einmal nur nahm der Franz den Stecher vor seine stahlblauen Augen, schaute nach oben ins Blau und raunte mir etwas von einem „Luserl“ und einem „Schlaucherl“ zu. Verblüfft schaute ich erst zum Franz und dann zum Grat, und tatsächlich, da lagerte doch die Gamsgeiß solcherart direkt hinter dem Bergkamm am Spitz, dass gerade nur ein Schlauch und ein Lauscher gegen den Himmel zu sehen waren. Und da hatte ich doch die ganze Zeit hinaufgeguckt und nichts gesehen … Franz ging nun wieder seiner zweitliebsten Beschäftigung nach, dem Stirnruhen.

Ich schaute ab und an zur Geiß, und es mochte wohl so eine weitere Viertelstunde vergangen sein – es war jetzt zur elften Stunde am Vormittag – da waren Luser und Schlauch verschwunden, und die Geiß erschien von hinterwärts am Spitz, zog jetzt schnell und sicher über den Grat zum Steilhang. Ich griff meine Büchse und piekte Franz in die Weichen, und die Gams zog hurtig den Schattenhang hinunter, und ich war drauf und fragte den Franz „Wie weit?“ Die Gams war nun auf 250 Meter herunter, ich war immer drauf und zog mit, und die Gams zog schnell und jetzt quer im Geröllhang und war von Buschwerk verdeckt. Dann war sie wieder frei auf 250 Meter, und Franz sagte, fragte „Koannst schiassn?!“, und ich presste ein „Ja“ hervor.

Ich zog mit, und die Gams drehte herum und tat sich auf einem Felsvorsprung nieder, und da lagerte sie auf 250 Meter mit dem Haupt zum Berg, dem Stert zum Tal, zu uns, und ich tat das Gewehr zur Seite, und ich zitterte wie Aspenlaub! Ich zitterte, aber es war mir nicht mehr kalt, jetzt war es der Jagdschüttler, der mich unbarmherzig in seinen Klauen hielt, ich bekam mich gar nicht in den Griff und dachte verzweifelt an etwas anderes als die Gams und die Jagd, aber es fiel mir nichts ein. Und es schüttelte mich wie Aspenlaub im Wind, und der Wind ging auch ein wenig mehr, aber das Jagdfieber verdrängte alle Kühle, und ich konnte mich gar nicht beruhigen.

An Schießen wäre jetzt nicht zu denken gewesen, wäre die Gams hochgekommen, aber sie kam nicht hoch, und ich hätte wohl nicht einmal den Berg getroffen, hätte ich schießen können. Ich saß da und schlotterte gottserbärmlich. Mir war es sehr peinlich, was sollte der Franz von mir denken, wo ich doch die Bank schaukelnd bald zum Kentern brachte? Ich blickte verstohlen nach links. Und was ich jetzt erblickte, das war mir so freundlich, nicht weil geteiltes Leid halbes Leid ist, sondern weil geteilte Freud doppelte Freud, und gemeinsame Passion zwiefache Passion ist: Der Franz schaukelte und zitterte wie Aspenlaub im Zweiertakt. Gemeinsam schlotterten wir auf der Bank herum, und nur die vereinten, rhythmischen, synchronen Bewegungen hatten uns des jeweils anderen Jagdfieber nicht bemerken lassen. Der Franz, obwohl gar kein Gewehrle dabei, war ebenso vom Jagdfieber erfasst wie ich selbst!

Es dauerte wohl so an die zwanzig Minuten, bis ich mich einigermaßen entzittert hatte. Franz rauchte derweil eine „Ernte 23", auch er noch mit zittrigen Händen, legte dann seinen Kopf nieder und überließ es mir, die Gamsgeiß zu beobachten. Die lagerte seelenruhig auf dem Felsvorsprung. Und lagerte und lagerte und lagerte.

Eine weitere Stunde mochte vergangen sein, es war jetzt ein wenig nach der zwölften Stunde, ich blieb aufmerksam wie ein Schießhund, da kam das Haupt der Gams ruckweise hoch, der Träger ward lang und länger, sie spähte über die Kruppe nach rückwärts in die Geröllhalde, dahin, vorher der Wind kam. Ich spekulierte dorthin, aber der Hang war leer, kein Lebewesen war dort zu sehen. Was hatte sie nur? Jetzt sicherte die Gams nach vorn und links, aber da war nur eine steile unpassierbare Felswand, davor eine Föhrengruppe, da gab es kein Passieren und Entrinnen.

Zweifelsohne hatte die Gams von etwas Wind bekommen, das ihr sehr missfiel. Von uns konnte sie unmöglich Wind haben, dank Franzens „Ernte 23"-Dampf wussten wir genau, wohin er wehte, es musste etwas anderes sein. Aber was?

Es ging jetzt blitzschnell. Die Geiß wurde hoch, ich piekte Franz wieder in seinen Wams, da war er blitzwach, und ich griff meine Kippläufige. Die Gams wurde schnell, und ich war drauf, aber die Gams sprinttrollte sich nach vorne weg und verschwand hinter den Föhren unter der Felswand, ohne dass ich auch nur die geringste Chance auf einen Schuss gehabt hätte.

Ich verstand die Welt nicht mehr und blickte in die Geröllhalde, um den vermeintlichen Störenfried ausfindig zu machen. Aber da war nichts und niemand! Franz rieb sich die Augen, und ausnahmsweise war es nicht der Qualm, der ihn reizte. Auch er war ratlos. Was war hier los? Warum hatte die Gams wie von der Tarantel gestochen das Weite gesucht? Ich war einigermaßen fassungslos – nach mehr als zwei Stunden der Geiß so nah und doch so fern!

Da sah ich mit einem Male die Gams aus der Sackgasse unter der Felswand und den Föhren hervorpreschen, diesmal nach rechts in den Hang hinein, und ganz schnell war sie unterwegs. Mein „Franz, da ist die Gams wieder!“ ging einher mit dem Aufnehmen der Waffe, und ich war drauf, aber die Gams war sehr flott, und ich fragte Franz „Wie weit, wie weit?“, und er sagte „280 Meter, 270 Meter“. Dann verlor ich sie, und ich fand sie wieder, und Franz fragte mich, ob ich sie noch sähe, und ich sagte „Ja“. Er hatte sie verloren, und ich sagte ihm, wo, und ich fragte „Wie weit?“ und zog mit, und Franz sagte „260 Meter“. Die Geiß war jetzt im Hang oberhalb der Geröllhalde und über dem Strauchkomplex links und rechts von der steilen Rinne, und sie zog vor nach rechts und ich war drauf. „240 Meter!“ zischte Franz, und die Gams verhielt jetzt oberhalb der Rinne. Das Fadenkreuz stand knapp über dem Widerrist, als der Schuss brach. Durchs Zielfernrohr blickend sah ich die Gams zusammenbrechen.

Franz rief „Waidmannsheil“, und die Gams roulierte die steile Rinne herab, 90 Meter schwarz-weißes, wildes Gestöber und Gestrudel, und dann kam sie zum Liegen. Aber, oh Graus, langsam kam die Gams wieder hoch …

„Hoast woach g'schosse?“, fragte Franz und auf Hochdeutsch „Jetzat muaßt repetiere!“

„So eine Schiete, nein, ich bin gut vorne abgekommen, vielleicht habe ich sie gekrellt!“, antwortete ich und stopfte eine brandneue 6,5x57R Kegelspitz nach.

Die Geiß zog sichtlich beeindruckt und behindert nach links durch das Strauchwerk, wurde aber zunehmend behänder, das Fadenkreuz stand auf dem Blatt, aber Strunk und Strauch hinderten noch den Schuss. Dann war die Gams heraußen, verhielt auf 160 Meter, und der Schuss traf sie tödlich, sie rutschte noch etliche Meter herab und lag dann auf einem Felsabsatz gamstot und rot im Schnee.

„Die liegt!“ sagte Franz und brannte sich einen Glimmstängel an, und ich sah sie auch liegen und lud nach, nein, ich versuchte nachzuladen. Aber ich kriegte die Kipplaufbüchse nicht zu, und versuchte es erneut, aber es gelang mir nicht, und ich konnte keinen Fehler entdecken.

Meine Hände waren zittrig, wen wunderte es nach den letzten Minuten, und Franz schaute mich an wie normalerweise nur ein alter Fuchs einen jungen Dachs anschaut: „Jetzat brauchst nimmermehr drauf schiaßn, die Goisn liegt! Waidmannsheil!“

Ich dankte und meinte nur, dass sicher sicher sei. Doch das verdammte Gewehr ließ sich nicht schließen, und ich konnte wieder keinen Fehler finden! Verfluchte Aufregung! Aber ich war glücklich, dass die Gams, und Artemis sei Dank, lag. Ich legte das geöffnete Gewehr zur Seite, die Patrone war vorerst nicht aus dem Lager zu bewegen.

Und dann fragte Franz in bestem Hochdeutsch (!) diese Frage, die gar keine Frage war: „Gehst du die Gams holen oder soll ich sie bergen?“

Es war seine ultimative Aufforderung an mich, die Gams aus dem Berg zu holen! Sie lag so 150 Meter oberhalb von unserem Stand, und es musste eine Rinne passiert werden und dann ging es steil in die Geröllhalde nach oben.

„Ich erledige das schon“, sagte ich mit dem Brustton der Überzeugung und riss mir meine Kleider vom Leib angesichts der zu erwartenden sportlichen Ertüchtigung und der mit ihr verbundenen Erhitzung.

„Chra, bist narrisch? Dös is nix. Den Tod holst dir!“

Also blieben Joppe und Wams angelegt, und nicht lange im Berg, da bereute ich meine Gefügigkeit, denn das Terrain war steil, der Schnee tiefschwer, die Blocken waren groß, und als ich schließlich bei der Gams angelangt war, da lief der Schweiß in Strömen.

Ich begutachtete die Geiß, ein ordentliches, feistes Stück, siebenjährig war sie und hoch hatte sie auf. Ich konnte den ersten Schuss von rechts nicht finden, weder den Einschuss, noch den Ausschuss, aber sie musste ihn haben, denn sie hatte ja ganz augenscheinlich gezeichnet und war auch ganz augenscheinlich schwer gezeichnet gewesen. Der zweite, finale Schuss von links saß kurz hinter dem Blatt mit Ausschuss.

Ich blickte nach unten und sah, wie Franz sich eine Zigarette ansteckte und in der Rinne auf mich wartete. Ich legte der Gams den Strick um den Träger und dann ging es bergab. Der Schnee machte die Sache leichter, ich musste nur die Lunker und Blocken umschiffen, mal war die Gams oben, mal war ich oben, und so ging es Meter für Meter im Schnee bergab. Die Gams lag am Strick oberhalb, und als ich einen Moment unachtsam war und heftig zog, da rutschte die Gams, wurde schneller, sauste auf mich zu, der Kadaver rauschte unten durch und riss meine Beine weg. Die Haxen waren in der Luft, aber ich ließ nicht locker, und die Gams rutschte und sauste mit mir am Banderl bergab, und Gams und Jager und Hut rollten und trudelten im Knäuel an die zwanzig Meter den Steilhang herab. Gott sei es gelobt, dass kein Fels im Wege oder aber gnädig von federndem Schnee bedeckt war … Endlich kam ich mit der Beute wohlbehalten in der Rinne an. Franz überreichte fröhlich grienend Erlegerbruch und letzten Bissen, und dann suchten wir und fanden gemeinsam den Ein- und Ausschuss der ersten Kugel: Der Schuss saß in der Tat hoch in den Federn, hatte Muskelfleisch durchschlagen, kurzfristig das Stück betäubt, und wäre letztendlich noch tödlich gewesen, aber eben erst nach einer ungewissen Zeit

des Leidens. Insgeheim dankte ich Diana und Artemis für die glückliche Fügung der schnellen, zweiten Kugel!

Franz steckte sich eine weitere Zigarette an, und bevor wir, ich mit der Gams im Schlepp, zur Gartleralmhütte abstiegen, wo ich nach anstrengendem Schleif die Gams aufbrechen würde, erörterten wir den Anlass für die jähe und panikartige Flucht. Wir kamen zu dem einzig logischen Schluss, dass Hans und Tom da heroben auf dem Plateau gepirscht waren. Und der Wind, obwohl auf das Plateau zustehend, hatte an der Bergkante gekuselt und dem Stück die Witterung derart zugetragen, dass es den Feind vom Geröllhang kommend ortete. Daher die Flucht in die Felswand. Und dann war der Wind gekippt und über die Kante geweht, was die Gams aus der Felswand in die Geröllhalde zurückgetrieben hatte. Hans und Tom bestätigten später, dass sie nahe dem Grat unterwegs gewesen waren – die Erklärung!

Erklärung brauchte auch meine havarierte Kipplaufbüchse. Ich klaubte Jagdgeraffel und Waffe am Zirbelsitz auf und fummelte die nigelnagelneue Patrone mit dem Messer aus dem Patronenlager. Und siehe da! Das Gewehrle ließ sich wie ehedem zuklappen. Ich stopfte eine andere Patrone ins Lager – die Büchse ließ sich mühelos schließen! Daraufhin betrachtete ich die Patrone vom eventuellen dritten Schuss genauer: Am Hülsenmund, an der Bördelung, standen einige Grate erhaben ab – ein eklatanter Fabrikationsmangel! Und das von einem renommierten deutschen Premiumhersteller! Die Patrone war nicht vollständig ins Lager zu treiben. Ich stellte mir vor, ich hätte diese Patrone zum ersten oder zum zweiten Schuss erwischt – bei dem Gedanken zitterte ich noch im Nachhinein wie Aspenlaub.

CARNIVORI SEMPER VENANTUR

Füchse und andere Jäger

In einschlägigen Medien gibt es Ranglisten, wer denn nun das gefährlichste aller Raubtiere sei. Meist sind diese reißerisch aufgezogen – recht unterhaltsam, aber mit wenig fachlichem Mehrwert. Dabei gilt der Begriff „Raubtier" als überholt, man spricht stattdessen von „Beutegreifer", „Prädator" oder „Karnivore". Sei's drum. Zweifelsohne ist aber der Mensch das gefährlichste aller Raubtiere – zu Lande, zu Wasser und in der Luft.

Draußen herrschte unwirkliche Stille. Die Luft war schneidend kalt, von Osten ging ein leichter Wind. Oben funkelten die Sterne, und die Sichel des Mondes stand noch am Firmament. Und Puderschnee, so weit das Auge reichte! An diesem Winterabend ging es auf Raubwild: Fuchs oder Marder, Marder oder Fuchs. Zahllose Spuren verliefen im Schnee. Droben am Hang stand der Wald aus Kiefern, Fichten und Eichen, fest mit Schnee bedeckt, und fast brachen die Zweige und Äste der Bäume unter der Last der weißen Decke.

Jeder Schritt, obwohl behutsam pirschend gesetzt, knirschte und knurpste gottserbärmlich zum Himmel. So schien es ihm, doch tatsächlich dämpfte der Schnee, und nur unweit vom Jäger war kein Mucks zu hören. Überhaupt verschmolz er in Schneehemd und -hose mit der Landschaft in perfekter Harmonie.

Derweil am Luderplatz sprang, kratzte und biss ein Steinmarder. Steinhart gefroren war das Luder; und dennoch eine willkommene Kost, denn der strenge Frost und die hohe Schneelage machten die Jagd zu einem anstrengenden Geschäft. Kein Beutetier wollte zur Beute werden, indem es leichtsinnigerweise im tiefen Schnee flanierte oder im hohen Baum parierte. So waren die Luderbrocken eine gute Wahl.

Der plattgetretene Schnee am Luderplatz aber gemahnte den Marder zur Vorsicht – außer ihm gab es noch andere und größere Räuber. Also: Obacht walten lassen! Er war wachsam, nervös zuckte seine Lunte, und nach jedem zweiten oder dritten Bissen tollte er durch den Schnee in die Sicherheit der nahen Kiefern. Doch sein Magen knurrte ohne Unterlass, und alsbald kam er wieder zum lockenden Fraß. So ging das eine ganze Weile, hin und her, her und hin.

Der Jäger stapfte eine Steigung hinan, und da dampfte er trotz der beißenden Kälte. Also hielt er inne. Sein Blick ging über die kupierte Landschaft – in der weißen Pracht erschien sie ihm wie gekrönt und geradezu majestätisch. Gleich hinter der Anhöhe lag der Forst. Darin eine kleine Wiese, mit einem Weiher und einer Kanzel im Osten und einer Leiter im Westen. Dazwischen der Luderplatz, an dem er heute Nacht kurz verweilen wollte; denn gleichwohl das Licht ob des gleißenden Schnees hervorragend, war doch die Kälte solchermaßen, dass es kein langes Ausharren auf der Leiter geben würde. Die Kanzel war heute Nacht tabu, denn sie lag im Wind zum Luderplatz.

Als er so stand und sinnierte, hörte er von Ferne das Bellen eines Fuchses. Die Ranzzeit war im Gange, und das Bellen ermahnte ihn, seine Pirsch fortzusetzen. Langsam und gleichmäßig stieg er voran, achtete auf Bewegung und Laut, doch außer seinem eigenen Gang und Geräusch sah und vernahm er weiter nichts. Auf dem Forstweg indessen kam ihm der Weiher in den Sinn, der nun so still und starr mit einer geschlossenen Eis- und Schneedecke daliegen würde. Dort wollte er in der warmen Jahreszeit im Röhricht die Rute spielen lassen, denn in dem Wasser tummelten sich einige prächtige Barsche, wohl einstmals als Brut durch Enten eingebracht.

Er verlangsamte seinen Schritt, nun, da er im Waldrand stand, nahm das Glas vor die Augen, denn er wusste die Wiese vor sich, der Leitersitz schimmerte durch die letzten Baumreihen, nur einige Schritte entfernt. Die Eiswüste lag öd und leer, im Hintergrund das Röhricht zu einem bizarren Schneebild geformt. Dahinter die Kanzel, dunkel und drohend.

Vorsichtig pirschte er voran, dem Leitersitz zu, dabei die lichte Fläche nicht aus den Augen lassend. Jetzt erkannte er den plattgewalzten Schnee am Luderplatz! Das war verheißungsvoll! Just am Fuße der Leiter angekommen, sah er den hopsenden schwarzen Fleck im weißen Schnee.

Einmal mehr sprang der Steinmarder aus der Kiefer ins Gesträuch, dann zum Luder in der Fläche, um sich einen letzten Bissen zu rauben. Am Boden, im hohen Pulverschnee, war das Fortkommen schwierig, und es würde eine Weile dauern, bis er den platten Schnee erreicht haben würde. Dort konnte er seine Behändigkeit wie Schnelligkeit ausspielen, aber hier im hohen Schnee war es langsam und mühselig. Doch der Hunger trieb ihn an, die Vorsicht jedoch machte ihn pausieren, und er lugte in Kegelstellung zu allen Seiten und nach oben, immer auf der Hut und nach Gefahr Ausschau haltend. Dann stob er wieder mit tiefem Fang durch den Schnee, dem Luderplatz zu. Den großen Schatten sah und hörte er nicht kommen!

Ein Marder! Der Gedanke schoss dem Jäger durchs Hirn, der Stoß durchs Blut! Er vergewisserte sich mit dem Nachtglas, nahm seinen Drilling von der Schulter, legte am Holm an, da war ein leises, aber doch deutlich hörbares Kratzen über ihm. Aufschauend erschrak er zu Tode: Ein riesiger Schatten glitt aus der mächtigen Kiefer hinaus in die Ebene! Ein Uhu! Die Eule schwebte lautlos gen Luderplatz und landete punktgenau in einer Wolke aus Schnee auf dem kleinen schwarzen Strich. Ihre mächtigen Fänge fassten den Marder, die Dolche bohrten sich ins Leben, ein letztes Klagen, und der Kampf der ungleichen Kontrahenten war zu Ende. Der Uhu mantelte über seiner Beute, blickte um sich, schwang sich auf und entschwand mitsamt Marder in der Dunkelheit des Forstes.

Oben auf der Leiter saß der Jäger. Er freute sich ob des seltenen Schauspiels, welches sich vor ihm abgespielt hatte, auch wenn er bedauerte, dass der Marder nicht zu seiner Beute geworden war, dass der Auf ihm die Beute abgetrotzt hatte. Der Superprädator Mensch und so unterlegene Sinne … Vielleicht käme ja noch ein Fuchs, und bei diesem angenehmen Gedanken fiel er trotz der Kälte in einen Dämmer.

Als er die Augen wieder aufschlug, sah er einen schwarzen Strich dem Luderplatz zueilen. Deutlich stand der Fuchs jetzt gegen den hellen Untergrund, da warf ihn auch schon die kleine Kugel in den Schnee – Jagd vorbei! Der Jäger war zufrieden. Er blieb noch eine Weile sitzen, denn vielleicht käme ja noch ein zweiter Fuchs … Doch die Zeit wurde ihm lang und die Kälte war arg. Im Begriff abzubaumen, nahm er aus dem Augenwinkel eine Bewegung wahr.

Da stand am rechten Waldrand ein großer grauer Körper und äugte zum Fuchs. Ein Hund! Der graue Hund schnürte ganz eigenartig mit hängender, buschiger Lunte zum toten Fuchs und bewindete vorsichtig den Kadaver. Jetzt erst erkannte der Jäger die stehenden Gehöre … und siedend heiß kam ihm die Erkenntnis: Ein Wolf! Es war Isegrim! Potz Donner!

Im benachbarten Landesforst war eine einzelne Wolfsfähe zugewandert! Konnte sie es sein? Hatte sie den weiten Weg zurückgelegt? Egal! Laut schreiend und gestikulierend versuchte er, die Wölfin davon abzubringen, seine Beute zu rauben, aber dabei verlor er das Gleichgewicht und fiel und fiel und fiel …

Panisch strampelnd wachte er auf! Trotz der Eiseskälte stand ihm der Angstschweiß auf der Stirn. Er hatte nur geträumt! Und er hockte wohlbehalten auf der Leiter. Still, fast unberührt lag die Fläche da – kein Wolf, kein erlegter Fuchs, kein Räuber, er war allein. Gottseidank!

Ein nahes, heiseres Bellen holte ihn endgültig in die Wirklichkeit dieser kalten, klaren Winternacht zurück. Zaghaft antwortete er. Das Bellen des suchenden Rüden kam näher. Von links! Er machte sich fertig, jede Faser des Körpers gespannt, alle Sinne angespannt! Diesmal galt es! Wo würde er kommen? Da sah er eine Bewegung am linken Waldrand.

Still, ganz still verhielt er sich, den Drilling im Anschlag. Ein langer schwarzer Strich schnürte auf die Fläche, zog suchend umher, stand hie und da und bellte seine Melodie hinaus in die Nacht. Pauh! Die Hornet warf den Rüden in den Schnee! Nur seine buschige Lunte war noch zu sehen.

Der Jäger kniff sich aufgeregt in die Wange, aber es war echt, er träumte nicht. Hurtig schritt er zu seiner Beute, sicher war sicher …! Da lag im Schnee ein prachtvoller Fuchsrüde im langen Winterkleid! Für ihn war die Jagd vorbei, aber „Carnivori semper venantur!"

Kungeleien

Der zerborstene Drilling

Ich hatte an ihm gehangen, er dagegen die meiste Zeit an mir – jedenfalls bei der Ansitzjagd. Aber als er zerplatze, da zerbrach unser Band, unser langjähriges Band der Freundschaft …

Anno 1991, damals, nach bestandener Jägerprüfung, war es gewesen, da machte ich mir ernsthafte Gedanken darüber, welche Erstlingskugelwaffe – eine Bockflinte italienischer Provenienz nannte ich bereits mein eigen – mir denn zweckmäßig und gelegen sei. Hilfreich und gut sollte sie sein – guter Rat war teuer und gefragt. Hin und her gingen meine Überlegungen, führte ich Gespräche mit gestandenen Waidmännern, tauschte Gedanken aus mit erfahrenen und weitgereisten Jägern.

Ich fragte den jagdlich und waffentechnisch sehr versierten Herrn Papa, konsultierte den älteren, ehedem schon lange jagenden Bruder Falko, den eigenjagdbesitzenden und allwissenden Oheim Franz Dieter im Sauerländischen. Allein, je mehr Meinungen und

Ansichten vertreten wurden, desto verwirrter wurde ich, desto verwirrender erschienen die wohlmeinenden Ratschläge, desto verworrener das Puzzle: Repetierer, Kipplaufwaffe, Einläufige, Mehrläufige, Kombinierte, wie kombiniert, oder doch nur einläufig und so weiter und so fort.

Mir schwirrte der Kopf, und wiewohl alle Befragten nicht gerade Sonntagsjäger, so waren doch ihre profunden Auffassungen über das passende, das zu mir und meinen Jagdgelegenheiten passende Gewehr dermaßen unterschiedlich, dass es nichts, aber auch gar nichts half – ich musste mir höchstpersönlich den eigenen Schädel zerbrechen.

Über die Frage eines oder des geeigneten Kalibers war erst gar nicht debattiert worden, und gottlob war diese Frage keine Frage, denn es galt ein Universalkaliber zu wählen, was einerseits Rehwild nicht zu Schund schießen, stärkeres Wild aber noch verlässlich töten sollte. Ganz zu schweigen von den rechtlichen Vorgaben und dem außerdem zu berücksichtigenden Umstand, dass ich mich seinerzeit gewöhnlich im südlichen Frankreich, in der Provence, aufhielt, und das Gouvernement de la Grande Nation Militär- und ehemalige Militärkaliber verboten hatte. Das schränkte ein und machte damit immerhin die Kaliberwahl einfacher. Aber ein Universalkaliber war nun für das gewöhnlich in Europas schönen Gauen vorkommende Raubwild immer noch zu stark, so gar nicht Balg und Schwarte schonend. Kaliber allerdings, die gerade das gewährleisteten, waren wiederum für stärkeres Schalenwild nicht zulässig oder wenn ja, dann wenig zuverlässig.

Irgendwann kam mir der Gedanke, es müsse ein Drilling sein. Ein Drilling! Ausgerechnet ein Drilling! Freilich war ich nicht allein auf diese glorreiche Idee gekommen. Nein, trotz aller vormaligen Beratungen, in denen der eine oder andere Experte mir auch einen Drilling nahegelegt hatte, erwärmte ich mich für diese Kombination, für diese Kombinierte erst dann, als ein geschätzter Mitprüfling einen damals sündhaft teuren wie edlen Krieghoff-Drilling erstanden und ich diesen in näheren Augenschein, gründliche Betrachtung und mögliche Erwägung gezogen hatte.

Wohl war ich erst noch abgeneigt, doch dass ein Drilling zwar einen Kompromiss, aber keinen schlechten darstellte und eben einer Universalwaffe, nicht einer Spezialwaffe entsprach, das machte mir den Charme aus. Allein, der exorbitant hohe Preis war, gelinde gesagt, abschreckend, wie in geringerem Maße auch der Umstand, dass der Drilling schon damals schlechthin als antiquiertes Auslaufmodell, als eine in die Jahre gekommene Försterwaffe galt. Und das Ansehen des Försters, das Klischee der mit dem Rauschebart durch den Silberwald stapfenden Figur, war nun auch nicht gerade zeitgemäß oder ansprechend – war es nun berechtigt oder eben nicht.

Doch trotz aller Unmoderne besann ich mich der Praktikabilität dieser Allzweckwaffe. Und zwar nicht in Form des klassischen Drillings mit zwei Schrotläufen und einem Kugellauf, nein, ein Triasdrilling, ein Bockbüchsdrilling sollte, musste es sein, quasi der Übergang von der eleganten Büchsflinte oder der Bockbüchsflinte zum Vierling oder Waldläufer. Letzterer war mir dann doch zu klobig, aufwendig und teuer, Erstere erschienen zwar auch begehrenswert, insbesondere die Büchsflinte, jedoch nicht universell genug!

Es bewegte mich noch die waffentechnisch bedingte Gefahr einer Fehlbedienung dieser doch komplexen Kombination, insbesondere im Eifer der aktiven Jagdausübung! Intensive Recherchen führten mich schließlich zum Einschloss-Handspanner-Bockbüchsdrilling von Blaser, dem BD 880. Das ideale Konzept für meine jagdlichen Bedürfnisse: Die Kombination einer großen und kleinen „Kugel“ mit einem 16er- oder 20er-Schrotlauf! Das war es! Kein Gefummel mit kurzem oder langem Einstecklauf im Schrotlauf, dazu das der Sicherheit dienende Konzept des Einschlosssystems, der Handspannung und der kardanischen Entspannung bei ungewolltem Stoß oder Schock.

Losgelöst von meinen Überlegungen war Freund Robert – wir hatten uns beim Jagdscheinkurs kennen und schätzen gelernt – zur gleichen Wahl der Waffe gelangt, und so lag bald auch bei mir ein entsprechender Drilling auf meinem selbstverabreichten, jagdlichen Gabentisch: Ein Blaser Drilling BD 880, Kaliber 7x65R, .22 Hornet und 16er-Schrot!

Holz hatte schon immer mein Interesse gefunden, insbesondere als studiertem Holzwirt. Es galt nun, das Schaftholz auszuwählen. Nicht irgendeines sollte es vom Nussbaum sein, nein, das Holz durfte schmucker sein: Wurzelmaser. Die Gravurplatten hingegen in schlichter Ornamentik, sodass die insgesamt sehr schlanke und führige Form des Drillings nicht durch burleske Gravuren oder etwa scheußliche Schaftverschneidungen konterkariert wurde. Das Familienwappen, diskret auf der Unterseite der Basküle graviert, durfte allerdings nicht fehlen.

Schlicht, doch edel war des Drillings Name! So wie sich der Drilling dann anfühlte, so ließ er sich auch führen: Leicht, fürwahr führig, zuverlässig und genügsam! Selbstverständlich erlaubte die Funktionalität selten Dubletten oder den schnellen zweiten Schuss – dieser Drilling zwang zu Moderation und Selektion: Der erste Schuss musste sitzen! Das störte mich nicht weiter – mein Drilling wuchs mir auch so ans Herz. Von allen im Laufe der Zeit erstandenen Waffen begleitete er mich am häufigsten zur Jagd. Das meiste Reh-, Schwarz- und Raubwild kam mit ihm zur Strecke. Lediglich bei der Blatt- und Drückjagd, bei Hirsch und Gams trat er ins zweite Glied – andere, Spezialisten, übernahmen das Kommando.

Doch widerfuhr meinem Drilling, meinem geliebten Arbeitstier, beileibe nicht nur Gutes, und er tat mir auch nicht nur Gutes: Einmal, bei Rudi im Hohen Fläming, da fiel er vom Hochsitz – er stand an die Brüstung der Plattform gelehnt, ich stieß ihn beim Abbaumen und dem Schließen der Türe in einem Augenblick der Unachtsamkeit von großer Höhe herab ins tiefe Tal. Es nützten Gras und Soden nichts, er lag da mit gebrochenem Genick, will sagen Schaft.

Ein anderes Mal, auch bei Rudi, glitt er, auf eisglatt gefrorenem Parkett des Katzbuckelpflasters ans Auto gelehnt, beim Schließen der Wagentüre aus und verbog sich das aufgesetzte Glas. Nur dumm, dass hernach ein jagdbar-kapitaler Damhirsch in bester Schussentfernung vor mir stand … brettelbreit! Und kein Schuss durfte fallen!

Oder – es seien aller guten Dinge dreie, immer noch bei Rudi im Revier, berührte ich mit eiskalt verfrorener Hand den Abzug und der Schuss war draußen, Gott sei Dank ohne Schaden angerichtet zu haben. Und im Bayernlande, bei Robert, versagte das sonst so sichere Schlosssystem beim Handspannen und der Schuss löste sich verfrüht, was auf eine zu feine Rasteinstellung zurückzuführen war. Alles in allem aber tat das meiner Freude an und meiner Gunst zu ihm keinen Abbruch – wir waren jagdlich unzertrennlich.

Zwei gute Jahrzehnte später – wir schreiben den Frühsommer 2013: die Füchse zahlreicher, Fasan, Hase, Rebhuhn aber immer zahlärmer. Zugegeben, die Ursachen mochten vielfältiger statt monokausaler Natur sein, aber zweifelsohne war die hohe Zahl der Beutegreifer mindestens ein Hauptfaktor in dieser Ungleichung. Und Fuchshäupter gab es erschreckend viele! Bei aller Liebe: zu viele!

Ich wusste einen Fuchsbau mitten im schwarzen Acker, die örtlichen Gegebenheiten machten zwar einen Ansitz am Bau nicht unmöglich, wohl aber ein gewissenhaftes und verantwortliches Schießen – Kugelfang Fehlanzeige. Die benachbarte Wiese jedoch erlaubte ein solches, und so wurde unter einer Schwarzerle ein zweckmäßiger wie landschaftlich eingepasster Erdsitz erstellt.

Angesessen und es erscheint im ersten Morgenlicht Altmeister Reineke. Auf sechzig Schritte maust er in der Wiese! Er ahnt nichts vom nahen Superprädator Mensch. Aufgelegt, angebackt, alles stimmt, der Fuchs steht breit und raus ist die Hornet. Erschreckt macht der Räuber einige Fluchten, blickt sich um, trollt sich, blickt sich erneut um und nimmt, gesund und mittlerweile einhundert Schritte entfernt, die Mäusejagd ungeniert wieder auf. Absurdes Theater! Mir steht der Mund weit offen, was ist das hier für eine Vorstellung?

Alles Staunen nützt nichts, der Fuchs hat mich immer noch nicht spitz, aber soll er noch zur Strecke kommen, und das soll und muss er, so ist schnellstens zu handeln. Hornet nachladen ist nicht, die große „Kugel" muss herhalten. Inzwischen ist der Rote gute einhundertfünfzig Meter in der Wiese, lauthals bölke ich ihn an, und endlich, beim dritten Bölk, verhofft der Fuchs, steht breit und die große „Kugel" fliegt. Räuber Reineke liegt! Über den Fehlschuss wird nicht weiter reflektiert – Fehler passieren nun mal jedem hin und wieder, oder?

Tage später: Nicht weit entfernt vom neuen Erdsitz sitze ich an einem herrlichen Sommersonnenmorgen auf Ludwigs Lieblingssitz direkt am Ufer des Klosterbaches. Gegenüber liegt ein mickeriger Maisschlag, an dessen riesen Regenpfütze ein Kiebitzpärchen seine Jungen erbrütet hat und hütet. Die jungen Füchse aus dem Bau im Acker machen ihnen das sowieso schon schwierige Überleben schwer – am Vorabend beobachtete ich im allerletzten Licht, wie einer der Halbstarken sich die Küken einverleiben wollte. Tollkühn hassten die Altvögel auf den Räuber und schlugen ihn in die Flucht, ohne dass ich zugunsten der Kiebitze hätte eingreifen können – das Büchsenlicht war nimmer. Das soll an diesem wunderschönen Morgen anders werden! Denn Sippe Reineke wird sich auf Dauer diesen Vogelbraten nicht entgehen lassen. Gemächlich fließt der Bach, seicht ist er, sein Wasser glasklar, die aufgehende Sonne spie-

gelt sich darauf. Fasziniert beobachte ich das Spiel der rotgoldgelben Farben auf dem ondulierenden Strom, als eine mächtige, V-förmige Welle, bachaufwärts schiebend, meine Aufmerksamkeit auf sich zieht. Die Welle kommt nah und näher, da schwimmt ein mächtiger … Karpfen heran! Sein feister Buckel durchbricht die Oberfläche, und schmatzend saugt er grüne Linsen, allerlei Gewürm und Geschneck in sich hinein. Mit allem hätte ich hier gerechnet, mit Bisam, Hecht, Rotfeder, Döbel oder gar einer fetten Regenbogenforelle, nicht jedoch mit einem Karpfen, schon gar nicht mit so einem Kapitalen – der Klosterbach ist meist ein recht schnelles Fließgewässer, so gar nicht klassisches Karpfenwasser.

Fasziniert und aufgeregt beobachte ich das arglose Flossentier, so gespannt, dass ich um ein Haar das rote Haarkleid hinter dem braunen Schuppenkleid verpasst hätte. Da steht im knapp kniehohen Mais auf einer lichten Stelle der Fuchs und glotz ganz dreist in die Gegend. Vierzig Meter nah! Jesses, Maria und Josef! Jetzt haben ihn auch die Kiebitze entdeckt, und schon gehen sie, Sturzkampfbombern gleich, zum Angriff über. Der Fuchs, wenn auch noch jung, zeigt sich unbeeindruckt.

Das will, das muss ich ändern, ich blase auch zum Angriff, will sagen, backe den Drilling an, der Stachel steht im Leben und die Hornet fliegt. Fliegen tut auch der Fuchs, nämlich davon. Der Rote flieht, entfleucht meinen Blicken, weg ist er im grünen Blättermeer. Obwohl ich keinen Kugelschlag vernehme, bin ich überzeugt, der Fuchs liegt fuchstot im Mais, nur im Stängelmeer versteckt.

Seelenruhig packe ich meine Siebensachen zusammen, schaue nach dem Fuchs, nichts zu sehen, schaue nach den Kiebitzen, sie haben sich beruhigt, schaue nach dem Karpfen, aber auch er hat sich verschwommen. Bachabwärts geht mein Weg, ich quere den Bachlauf über die alten Brückenträger, wate durch die tau- und tropfnasse Wiese, finde meinen Pfad zur lichten Stelle im Maisacker, stehe dann an der Stelle, dort, wo der Anschuss sein muss … oder sein sollte! „Nichts" wäre untertrieben. Rein gar nichts, kein Schweiß, kein Schnitthaar, kein Knochensplitterchen, kein gar nix! Null, nada, niente!

In immer größeren Kreisen suche ich das Maisfeld ab, ich will es kurz machen, die Suche ist bis auf einen kreisrunden Durchschuss an einem Maisblatt völlig ergebnislos. Auch der bekannte Fuchspass über den Graben zeigt weder vor noch nach irgendwelche Pirschzeichen – ich habe mit der Hornet gefehlt. Schon wieder! Auf kurze Distanz. Ich fange an zu grübeln.

Wie es so im Leben geht – die gute Absicht, dem Missstand auf den Grund zu gehen, indem der nächst gelegene Schießstand aufgesucht, wird aus beruflichem Zwang zunichtegemacht. Kurzfristig muss ich mein Kommando im Mare Mediterraneum antreten und Schiff dirigieren anstatt Drilling justieren. Daher gebe ich den Drilling in die Obhut und die verlässlichen Hände eines mir wohlbekannten wie anerkannten Büchsenmachermeisters eines bedeutenden deutschen Jagdausrüsters und -versenders. Das soll mein Glück im Unglück sein.

Ihm erkläre ich noch die mir völlig unerklärlichen Fehlschüsse auf kürzeste Entfernung, bei bestem Licht, guter Auflage, mit Fabrikmunition eines deutschen Premiumherstellers und trockenem wie sauberem Lauf. Und dass es plötzlich auftrat, dass ich meine Braut weder nachlässig noch gar grob behandelt hätte. Ohne mein Wissen, da inzwischen ortsabwesend, beschließt der Büchsenmachermeister, die Waffe in die zentrale Werkstatt nach Würzburg zu schicken. Auch ihm soll das zum Glück gereichen!

Als ich drei Monate später meine Waffe abholen möchte, wird mir vom Büchsenmacher etwas verschämt beschieden, der Drilling sei noch nicht fertig und noch in Würzburg anhängig. Ich stutze und frage erstaunt, wie das denn angehen könne, es sei ja wohl genügend Zeit gewesen, und überhaupt, wieso Würzburg?

Ja, ob ich denn gar nicht informiert worden wäre? Ich verneine wahrheitsgemäß.

Der Geschäftsführer wird gerufen. Zu dritt stehen wir da, meine zwei freundlichen Gegenüber erklären das, was geschehen: In der Werkstatt in Würzburg habe ein dortiger Beschäftigter den Drilling zur Probe schießen wollen, wohlgemerkt mit der Hornet-Fabrikmunition des deutschen Premiumherstellers. Das habe er dann auch getan. Beim ersten Schuss sei es dabei zu einer Patronenlager- und Laufsprengung gekommen. Splitter und das abgesprengte Fernglas hätten dem Mitarbeiter Schnittwunden im Gesicht wie eine massive Platzwunde an der Stirne zugefügt, ein Krankenhausaufenthalt sei die notwendige Folge gewesen. Dem Mitarbeiter ginge es mittlerweile wieder gut. Aber mein Drilling sei hinüber … Konstruktiver bzw. Totalschaden!

Ich bin einigermaßen geschockt, jedoch erleichtert, dass dem Einschießer ärgeres Ungemach erspart geblieben ist. Und denke noch, dass es womöglich jemand anderen hätte treffen können … Was denn nun geschehen werde, ist meine Frage dann.

Tja, es müsse geprüft werden, wer für den Schaden aufkomme, ob es der Waffenhersteller Blaser sei, der deutsche Premiumhersteller der Munition, oder etwa das eigene Unternehmen. Oder alle. Eventuell wolle man die DEVA mit einem Gutachten beauftragen, das sei doch eine gute Idee. Grundsätzlich finde ich das auch. Mir werden dann noch Aufnahmen des zerborstenen Drillings überreicht, die Bilder sprechen eine beredte Sprache: Totalschaden!

Da vorerst nichts für mich zu machen ist – mir wird der Eindruck vermittelt, dass die Angelegenheit schnellstens erledigt werden solle, und zwar zu meiner vollen Zufriedenheit – ziehe ich von dannen. Zu Hause angekommen grüble ich, ob wohl die Laufsprengung durch Materialermüdung, etwa einen feinsten Haarriss, eingeleitet wurde. Damit ließen sich eventuell auch die Fehlschüsse erklären. Nun, ich muss auf das versprochene Gutachten der DEVA warten. Und das lässt auf sich warten.

Wochen vergehen, immer wieder werde ich vertröstet, bis mir eines frommen Tages lapidar mitgeteilt wird, es werde nun kein Gutachten der DEVA geben, vielmehr wollten der Waffenhersteller und der Munitionshersteller die Sache untereinander und miteinander regeln. Wie denn das nun vor sich gehen solle? Tja, nichts Genaues könne man im Moment sagen. Der Zeitwert des Blaser-Drillings solle wohl angesetzt werden, und dann wolle man sich um eine Ersatzwaffe bemühen. Und es werde wohl schwierig, eine solche zu bekommen, da dieses Modell mittlerweile nicht mehr von Blaser produziert werde.

Mir ist nicht sehr wohl bei dieser Mitteilung, augenscheinlich hat die Gesprächsatmosphäre von „Sie bekommen kurzfristig vollständigen Ersatz, es soll nicht Ihr Schaden sein“ zu „Wir wissen noch gar nicht, wie das zu regeln ist, Sie müssen mit einem Kompromiss rechnen“ gewechselt. Vorerst mache ich noch gute Miene zum bösen Spiel, verhalte mich kooperativ, obwohl ich und mein

Drilling vorerst die einzigen Leidtragenden sind. Und natürlich der bedauernswerte Einschießer!

Als aber weitere Wochen mit wortreichen, inhaltsleeren Erklärungen ins Land gehen und nichts weiter geschieht, da platzt mir doch der Kragen. Ich erkläre, dass ich den deutschen Jagdausrüster, mit dem ich einzig und allein einen Reparaturvertrag geschlossen hätte, nicht aber mit dem Waffenhersteller oder dem Munitionshersteller, in Regress nehmen, die Angelegenheit einem in Sachen Jagd allseits anerkannten und bekannten Hamburger Anwalt übergeben werde. Das sitzt!

Noch am selben Tag informiere ich Anwalt Dr. jur. Florian Asche über die Sachlage, übermittle meinen Bericht und die bis dahin mir überlassenen Unterlagen und Fotos. Donnerwetter, so Dr. Asche am Telefon, das wäre ja ein dolles Ding, ein Fall, der Spaß machen werde. Denn die Rechtslage sei eindeutig und gleichermaßen zu meinen Gunsten.

Allerdings soll Dr. Asche nicht mehr in den Genuss der Spaß machenden Arbeiten zu dem Fall kommen. Denn in den nächsten Tagen überschlagen sich die Angebote an mich von Seiten des Jagdausrüsters. Man erklärt, man wolle sich erkenntlich zeigen, wobei der Geschäftsführer nicht meint, dass etwaige Erkenntnisse, wer nun zu welchem Prozentsatz verantwortlich sei und sich an der Entschädigung beteilige, aus dem „Sich-erkenntlich-Zeigen" an mich flössen. Nein, man erkenne die Vernetzung des dies Schreibenden im jagdlichen Betrieb an, und so wolle man schnellstens und zügig eine in allen Belangen befriedigende Lösung, sprich Ersatzwaffe finden. Die Kuh soll wohl endlich vom Eis!

Am liebsten möchte ich wieder einen Blaser BD 880, aber das Angebot an verfügbaren Waffen ist aufgrund der Produktionseinstellung begrenzt, das Angebot auf dem Markt überschaubar. Mal sind die Kaliber unpassend, mal die Ausführungen nicht genehm, oder beides, oder der Preis stimmt nicht. Überhaupt würde kein Ersatzdrilling das Holz und die spezielle Gravur zurückbringen. Es bliebe ein Ersatz!

Und dann schleicht sich ein Gedanke in mein Hirn, frisst sich wie ein Holzwurm ins volle Holz und zerstört die liebevollen Gefühle: Warum ist der Drilling explodiert? Ich recherchiere und erfahre, dass es mit diesem Modell erhebliche Probleme mit Rost zwischen den Läufen gegeben haben soll, insbesondere in den ersten Jahren der Produktion. Gleichwohl, ich kann das nicht bestätigen. Nicht wenige Stimmen warnen, dass das Sicherheitskonzept doch nicht so ganz sicher sein soll. Ich erinnere die beim Spannen unfreiwillig erfolgten Schussauslösungen …! Schade! Mein Argwohn gewinnt Oberhand, ein Blaser Drilling Modell BD 880 wird es nicht mehr werden.

Nun, der deutsche Jagdausrüster und -versender ist bereit, mir einen Drilling auch anderer Produktion anzubieten. Allerdings ist der angegebene Zeitwert meines explodierten Drillings im vierstelligen Bereich lächerlich niedrig angesetzt. Und dann soll der aus zweiter Hand angebotenen Drilling Trias von Heym, Mod. 35 de Luxe, .30R Blaser, Hornet und 16er Schrot, eine fünfstellige Zahl kosten … Ich schaue die beiden Angestellten des Ausrüsters, den mir sehr sympathischen Geschäftsführer und den ebenfalls sehr sympathischen Büchsenmachermeister, mit hochgezogenen Brauen an, und dann platzt aus mir heraus, dass sie das ja wohl selbst nicht glauben würden.

Was ich mir denn vorstelle würde, kommt die Frage der Herren? Ich stelle mir vor, dass ich den Heym-Drilling zum Zeitwert des Blaser-Drillings übernehmen und noch ein neues Zielfernrohr für den Heym gegen das alte Glas erstehen wolle. Vorsichtshalber frage ich noch Jagdfreund Siggi, ein versierter Kenner und Aficionado von Jagdwaffen. Siggi versichert mir, dass der Zeitwert beider Waffen dem Marktwert entspräche, gleichwohl man den Blaser-Drilling etwas höher hätte ansetzen können. Aber mit der von mir vorgeschlagenen Preisreduktion des Heym-Drillings sei es ein gutes Geschäft. Zudem wäre dieser Heym-Drilling ein Qualitätsprodukt deutschen Jagdwaffenbaus. Ich solle das mal machen!

Und ich machte! Flugs informiere ich Dr. Asche, dass die Angelegenheit zu den Akten gelegt werden könne, und der zeigt sich überaus zuvorkommend, indem er keinerlei Honorar trotz einiger kleiner Vorleistungen seitens seines Kanzleibüros in Rechnung stellt – dafür gilt ihm mein aufrichtiger Dank!

Mein neuer alter Drilling schenkt mir seither viel jagdliche Freude und Beute, und er ist vielseitiger, wegen der Seitenschlosse für Hornet und Schrot, wegen der Handspannung für die große „Kugel“. Er verfügt über einen hilfreichen Rückstecher, auch wenn ich grundsätzlich kein Freund von Stechern jeglicher Art bin.

Der Heym-Drilling ist jedoch bei weitem nicht so führig wie der Blaser, er ist eben sehr viel schwerer, wuchtiger. Erste Liebe bleibt immer erste Liebe! Was aber auch bleibt, ist das ungute Gefühl, dass zwei deutsche Premiumhersteller, eine moderne Waffenmanufaktur und ein führender Munitionshersteller, nach großartigen Ankündigungen keinerlei Einsichten zuließen, wer nun für das Übel maßgeblich verantwortlich zu machen war. Ein Deckmäntelchen des gemeinsamen Schweigens – Kungeleien!

Fuchs kann immer kommen

Fuchskapriolen

Wer macht schon alles richtig bei der Jagd auf Reineke? Wohl dem, der das von sich behaupten kann. Mir ist die anspruchsvolle bis schwierige Jagd auf den Fuchs lieb und teuer. Gilt es doch, Reinekes sprichwörtliche Schläue zu übertreffen. Nur wenige heimische Wildarten verfügen wie der Fuchs über drei perfekt ausgebildete Sinne. Dass jagdlich dann manches nicht auf Anhieb perfekt glücken mag, soll hier berichtet werden.

Schnee! Und Kälte! Jetzt mochte ich dem Fuchs nach Herzenslust nachstellen, musste nicht auf den lausigen Mond warten. Pulverschnee, so weit das Auge reichte, glitzernd die Feldflur, verschneit Busch und Strauch, und die Scheedecke so dick, dass nicht einmal die Halme der Binsen und Bülten herausragten. Das versprach gutes Jagen!

Vorsorglich hatte ich eine Scherenleiter vor einer niedrigen Eiche am Rande der großen Jürgens-Wiese platziert, sodass bei herrschendem westlichen Winde ein Gutteil der Fläche zu bejagen war, ohne der Sippe Reineke feindliche Witterung zu geben. An dem gegenüberliegenden Feldrain lag der Erdsitz. Allein, bei Westwind verriet er den Jäger, außerdem war die Entfernung von jenem arg weit, um die Füchse, die, meist aus dem Moor kommend, hier im Eck tobten, mit der Hornet balgschonend zu befunken – es waren gut und gerne an die zweihundert Schritte. Um meiner balgbösen Absicht Nachdruck zu verleihen, hatte ich eine gewaltige Maulwurfsburg als Luderplatz erkoren. Dort waren die Brantenabdrücke zu spüren und obendrauf thronte die Voss'sche Losung. Die Burg war vierzig Schritte vor der Leiter gelegen und als Schneeberg immer noch gut in der Weiße auszumachen.

Bitterkalt die Nacht, ein Wind ging, und so dauerte es eine geraume Zeit, bis ich, eingepackt wie ein Michelin-Männchen, auf dem offenen Sitz parat war. Der Drilling lag auf der Brüstung und starrte und harrte der vermeintlich leichten Beute – Schnee, du wirst es richten ...

Am gestrigen Abend hatte ich andernorts gesessen. An der Grenzwiese waren die Füchse sehr aktiv auf den Läufen. Ich hatte einen starken Fuchsrüden beschossen, der aber in die benachbarte Dickung auf Nachbars Grund geflüchtet war. Auf allen Vieren war ich auf der roten Spur durch Dick und Dünn, durch Dorn und Stachel, Hag und Strauch gekrochen, war aber dann an mein Ende gekommen – kein Durchkommen in dem Gewust. Da keine Wundspur herausführte, musste der Fuchs noch stecken.

Heute am Morgen rief ich Horst an, der den raubwildscharfen DD „Gerry" führte. Mit der Erlaubnis des Nachbarpächters stellten wir ab, der Fuchs steckte noch. Es dauerte gar nicht lange, da war der stolze DD-Rüde mit einem steif gefrorenen, prächtigen, achteinhalb Kilogramm schweren Fuchsrüden im Fang aus der bürstendichten Dickung gekommen. Die Hornet hatte etwas tief gefasst, aber der Fuchs war verendet und der Hund hatte gefunden. Jagen ohne Hund …

Da sich vorerst nichts im weißen Felde tat, blätterten meine Gedanken weiter zurück im geistigen Schussbuch. Einige Tage zuvor, ich hatte hier gesessen, war eine Fuchsfähe wie aus dem Nichts von rechts am Stacheldraht geschnürt, so zügig und plötzlich, dass ich sie erst spät wahrnahm. Wenig hilfreich, und zugegeben nicht sehr jagdgerecht, dass ich per WhatsApp mit meiner Liebsten geplaudert hatte, um mir die bis dahin fuchslose Zeit zu vertreiben. Mitten in der amourösen textlichen Konversation also der Fuchs. Ich ließ das Handy im Satz in meinen Schoss fallen, langte vorsichtig nach dem Bockdrilling, ohne ihn jedoch vorerst aufzunehmen, denn die Fähe war schon auf zwanzig Meter heran. Sie bewegte sich schnurstracks weiter auf mich zu und wäre sogleich in meine Düse geraten, hätte es sie nicht buchstäblich und noch rechtzeitig im rechten Winkel herumgerissen, als sie Wind vom verlockend duftenden Luder bekam – den Schuss am Maulwurfshügel vernahm sie nicht mehr.

Unvermittelt blickte ich zum Hügel, aber er lag einsam im weißen Feld. Also kramte ich weiter in meinen Fuchskapriolen. Am Tage vor Weihnachten, da hatte ich am Luderplatz zur Grenzwiese gehockt. Hier und da lag noch etwas vom ersten Schnee, die Füchse waren rege unterwegs. Gut eingepackt saß ich auf der Leiter und wartete auf das, was da kommen sollte. Dieses Das war ein starker Fuchsrüde, der suchend die Grenzwiese abspürte und abschnürte. Langsam näherte er sich entlang des rechten Wiesenrandes. Etwas unbequem und rechtslastig verdreht, für Rechtsschützen bekanntlich mühselig, ließ ich die Hornet auf 60 Schritte fliegen. Der Fuchs brach, vom Hornet-Express getroffen, in der Spur zusammen.

So schnell kam er aber auch wieder hoch, keckerte und stürmte munter Richtung Grenzwall und Graben. Er entschwand meinem

Blick in das Dunkel der Hecke – Bühne leer, nur ein tumber, nicht intelligent dreinschauender Zuschauer im Plenum des Waldes … Zehn arge Minuten harrte ich auf meinem Foltersitz aus, dann ging es, bewaffnet mit Bockdrilling und starker LED-Leuchte, zum Anschuss. Nichts! Rein gar nichts! Kein Schweiß, kein Schnitthaar! Nix! Wohl fand ich die Brantenabdrücke, da der Schnee aber nur noch lückig lag, konnte ich die Spur nicht halten. Der Fuchs war nach dem Zusammenbrechen nach rechts zum Wall gestürmt, aber auch dort fand sich nichts. Vorsichtshalber suchte ich einige Meter nach links, aber da war rein gar nichts.

In immer größeren Kreisen suchend, war nun mittlerweile das befreundete Nachbarrevier erreicht, und ich suchte an der dort gelegenen Fichtendickung im reichlicher liegenden Schnee nach einer Fuchsspur. Aber auch hier, wo die Füchse gerne aus und ein passten und auch lagerten, war nichts Verdächtiges zu finden. Nada! Schweren Herzens gab ich auf. Das konnte doch alles gar nicht wahr sein – der Fuchs hatte deutlich gezeichnet, gekeckert, ich war gut abgekommen, aber kein Fuchs lag da nicht. Was ging hier vor? Was war hier vorgegangen?

Für Anrufe bei den erreichbaren Hundeführern war es zu spät. Es musste also am Morgen geschehen. Die Nacht kurz und schlaflos, am Morgen dann die enttäuschende Erkenntnis, dass alle Hundeführer aus verschiedensten Gründen verhindert waren – frohe Weihnachten! Ich musste das Unternehmen alleine angehen, selber schauen, ohne Unterstützung einer feinen Hundenase.

Lustlos, verzagt und hoffnungslos fuhr ich zur Grenzwiese. Vom Leitersitz nahm ich Maß, rief mir alles in Erinnerung, ging zum Anschuss, der nun noch weniger von seinem Geheimnis preisgeben wollte. Ich ging nach rechts, dorthin, wohin der Fuchs geflüchtet war, schritt die Hecke ab, kontrollierte jeden Bau, jedes Reisig – gähnende Leere. Was blieb mir noch? Was konnte ich noch tun?

Es traf mich wie ein Blitz aus heiterem Himmel, eine Eingebung, Hosianna in der Höh! Ich erinnerte mich einer jagdlichen Begebenheit aus der Anfangszeit meines jägerlichen Tuns. Damals, bei meinem Oheim war es gewesen, im Forstgut Hohe Blemke, im Sauerland. Ich hatte bei gutem Schnee auf weibliches Rehwild angesessen, der Erdsitz, malerisch an steilem Hang im Fichtenwald gelegen, mit Blick auf einen Holzrückeweg nebst Graben. Ein Schmalreh war auch bald bei bestem Licht linkerhand den Hang herabgezogen und begann, in schussgerechter Entfernung am Graben zu äsen. Der Schuss war kein Kunststück gewesen, das Stück war, da war ich mir total sicher gewesen, nach links tödlich getroffen abgesprungen.

Links hatte aber nirgendwo ein Stück gelegen. Das Schmalreh war am Ende einige Dutzend Meter rechts vom Anschuss im Graben verendet. Es war nach rechts geflüchtet, nicht links! Ich hätte seinerzeit unter Eid „links“ behauptet. Also, konnte es sein, dass der Fuchs gar nie nicht sich nach rechts, sondern nach links verlaufen hatte? Wohl hatte ich am Abend einige Meter nach links gesucht, aber eben nur einige Meter! Jetzt, bei vollem Tageslicht, schritt ich vom Anschuss aus nach links, und da lag ein acht Kilogramm starker Rüde ganz tot keine zwanzig Meter vom Anschuss im Graben. Die Hornet hatte, wenn auch tödlich, etwas tief gesessen, aber auch dieser Balg war gut zu verwerten.

Während ich so in Gedanken versunken war, löste sich ein dunkler Strich aus dem Feldrain. Potzblitz! Meister Voss! Da kam er ja! Und zwar Richtung Hasen, die rechts unterhalb von mir ästen. Wie der Blitz jagte der Fuchs hoffnungsvoll und hoffnungslos auf die Hasen zu, die fast ein wenig beleidigt – so schien es mir – in der Weite des Schneefeldes Distanz suchten. Zurück blieb ein ebenfalls beleidigter Fuchs, genau am Stachelzaun zu meiner Rechten, aber sehr weit, zu weit. Nun besann er sich auf die ergiebigere Jagd auf Nager. Hin und her ging das Mausen, das Springen und Wühlen, aber nicht etwa, dass er sich nun mal in meine Richtung bewegte, oder sich der Maulwurfsburg annahm, nein, er musste so in 160 Meter ausgiebig und aufreizend der Mäusejagd frönen. Gleichwohl, und trotz der Weite, war ich in Anschlag gegangen, eingestochen die Hornet aus dem Heym'schen Drilling, führte nach, und er führte mich vor, es war nichts zu machen. So ging das eine geschlagene halbe Stunde. Meine Vogelklage ignorierte der Fuchs geflissentlich – möglich, dass er sie auf die Entfernung und gegen den doch recht starken Wind nicht vernahm. Ich ließ es also sein.

Mit einem Mal wurde der Rote ruhig, verharrte an Ort und Stelle, fast so, als lag oder lagerte er, aber es schien eher, dass ihn etwas faszinierte. Ob der Entfernung konnte ich mir kein rechtes Bild machen, was er da trieb oder auch nicht, jedenfalls stand er endlich einmal still. 140 Meter, und das Ziel recht klein und niedrig … Pauh! Die Hornet sprach, der Fuchs lag! Nachgeladen und spekuliert – nein, ha là li! Mann, was war ich froh – die lange Zitterpartie, und ein gutes Ende! Ich verstaute mein Gedöns im Rucksack, nahm nur den Bockdrilling auf und stapfte durch den Schnee zum Fuchs. Da lag er nun, fuchsrot und fuchstot, mit prächtigem Gewand aus Grannen. 180 Schritte waren es gewesen. Ich griff einen Hinterlauf, um einen Blick auf das Geschlecht zu werfen und besah seine Klöten, ein Rüde also. Und da erwachte dieser Rüde, oh Schreck, oh Graus, zum Leben, keifte mich an, biss ins Leere, hätte mich auf ein Haar noch an der Hand erwischt.

Jesses, mir fuhr der Schrecken gehörig in die Glieder! Hastig trat ich einige Schritte zurück, um dem fauchenden Fuchs den finalen Schrotschuss anzutragen. Doch nicht jeder ist ein John Wayne, mein Schuss aus der Hüfte ging gründlich daneben. Allerdings, der nutzlose Krach des groben Hagels müdete den Rüden auf, Reineke stürmte quicklebendig in der weißen Pracht von dannen!

Der geneigte Leser stelle sich nun folgendes Bild vor: Ein eigentlich tödlich getroffener Fuchs stürmt durch hohen Schnee davon, ein total frustrierter Jäger in feister Ansitzkleidung hinterdrein. Ich versuchte, im Parallellauf den langsamer werdenden Fuchs zu überholen und den Pass zum schützenden Hain jenseits der Wiese abzuschneiden, was so nach etwa 120 Metern – gefühlt 3 000 Metern Hindernislauf – auch gelang. Der Fuchs lag fauchend und bewegungsunfähig im Schnee, ein bedauernswertes Sein, dem schnellstens ein Ende bereitet werden musste.

Diesmal stand ich, zwischen Fuchs und Hain, auf zwanzig Schritte, lud Schrot nach, zielte durch das Zielfernrohr „comme il faut" und schoss. Endlich war der Fuchs verendet. Gänzlich ausgepumpt, leer im Hirn und zutiefst beschämt schritt ich zu ihm. Die Hornet hatte seine Kehle durchschlagen, war aber offensichtlich nicht sofort tödlich gewesen, sondern hatte den Fuchs nur ins Koma versetzt. 140 Meter waren wohl doch zu weit gewesen … Aber am Ende Fuchs tot, ein Rüde von sechs Kilogramm, und ein guter Balg. Fuchskapriolen!

Im Kar

Der Tod der Geröllhaldengams

Manchmal ist es dem Jäger vergönnt, ein seltenes, ein besonderes Stück, das anzieht, fasziniert und ihm begehrlich ist, nach Jahren der Vergeblichkeit zur Strecke zu bringen. Dann mögen Freude, Dankbarkeit und Wohlgefallen spontane Regungen des Bouquets jagdlicher Gefühle und Glücksmomente sein. Doch mitunter kann es auch ganz kurios und anders kommen …

Fünfzehn Stunden nicht enden wollende Fahrerei hatten wir auf uns genommen, um vom norddeutschen Flachland in das grüne Herz Österreichs, die obere Steiermark, zu gelangen. Allerdings war die Steiermark an diesem Tag mehr zum weißen Herz Austrias geworden – der frühe Wintereinbruch zu Anfang des Oktobers hatte alle, auch und gerade die Meteorologen, kalt erwischt und überrascht. Temperatursturz und Flockenwirbel allerorten im Gebirge, vor München die Straßen schon glatt und rutschig, am Irschenberg das große Chaos, ab Rosenheim hatte sich der Schnee gestapelt, Autobahnen und Schnellstraßen waren teils nur einspurig befahrbar gewesen. Im ländlichen Raum waren die Nebenstraßen noch nicht geräumt, da hatte sich der Geländewagen mit winterlich grobstolligen Reifen nützlich und bezahlt gemacht.

Erst spät am Abend waren mein ältester Sohn Max und ich bei den österreichischen Freunden angekommen, heimgekehrt und eingekehrt – herzlich begrüßt von Hans und Lissi und von Franz und Hanni. Die geliebte Steiermark und ihre bodenständigen Menschen, diese wortkargen, geraden und ehrlichen Menschen, erd- und heimatverbunden, knorrig, bedächtig im Wort, besonnen im Gedanken, dabei gescheit, gewitzt, und die „Jaga" fürwahr großartig kundige und waidgerechte Jäger.

Zu der späten Stunde war es kein Fortkommen zur Almhütte in Franz' Bergrevier, und so beschlossen wir, die erste Nacht beim Jagawirt in Krakauschatten zu verbringen. Da kreiste erst einmal der selbstgebrannte Obstler, das Wiedersehen mit den Freunden und den Wirtsleuten Walter und Maria wurde gehörig gefeiert und allerlei G'schichten ausgetauscht, bevor wir todmüde, aber frohen Mutes in die Federbetten sanken. Denn tags darauf sollte es sogleich zur oberen Gartleralmhütte und möglichst auf Pirsch hoch in den Berg gehen, zur Pirsch auf die „Geröllhaldengams" …

Die „Geröllhaldengams" hatte ihren illustren Namen von dem von ihr bevorzugten Aufenthaltsort erhalten, der Geröllhalde hoch droben im Kar. Es war dies eine steilschroffe Matte von Geröll, Gesteinsbrocken und Felsen, in deren Spalten und Lunkern sich nur ein paar Krüppelkiefern, Zwergzirben und Weidensträucher angesiedelt hatten. Vor einigen Jahrzehnten war der Berg abgekommen, die mächtige Geröllawine hatte das unter der Steilwand liegende Tal geradezu geflutet, und so war die Felswand durch den Geröllhang überhaupt erst für Gamsen und andere Bergbewohner zugänglich geworden.

Selten nur hielt sich das Scharwild in oder oberhalb der Geröllhalde auf: Gams wie Murmel bevorzugten die kraut- und äsungsreichen Matten im großen Bergkessel, rechts und links des Kars. Nur diese eine Gams, eben die Geröllhaldengams, zeigte sich überwiegend auf der Geröllhalde oder oberhalb in der ansonsten unzugänglichen Steilwand.

Wenn denn die alte Gamsgeiß zu sehen war, dann war sie nicht zu übersehen. Nicht ihre verwaschenen Zügel, nein, ihre Krucken, oder das, was einseitig noch davon übrig, waren ihr hervorstechendes Merkmal, gaben ihr diese Unverwechselbarkeit, diese Einmaligkeit, den hohen Wiedererkennungswert: Rechterhand prahlte ein dünner, auffällig langer, hoher Schlauch, links aber zierte nur ein Stummel ihr Haupt. Wahrscheinlich, so vermuteten Franz und Hans, hatte die Geiß in jungen Jahren der Schlag, der Steinschlag getroffen, oder ihr war der linksseitige Kopfschmuck bei einem Sturz abgebrochen. Wissen taten sie es freilich nicht. Wie dem auch gewesen sein mag, es war dies ihr Alleinstellungsmerkmal. Und meist stand die Geiß auch allein, abseits vom Rudel. Doch führte sie fast jedes Jahr ein Kitz, nur in den beiden letzten Jahren war sie ohne Nachwuchs geblieben. Ob der Steinadler erfolgreich gezehntet hatte? Steinalt wie sie nun war – man schätzte ihr Alter auf anderthalb Dutzend Jahr – sollte sie nun erlegt und zur Strecke gebracht werden.

Nicht, dass man ihr in den früheren kitzlosen Jahren nicht bereits nach dem Leben getrachtet hatte. Sehr wohl und mit außerordentlicher Verve! Aber die Geröllhaldengams war sehr gewitzt gewesen, hatte Obacht gegeben, war außer Reichweite der tödlichen Kugel geblieben oder hatte sich anderweitig dem Jäger und allem Ungemach entzogen. Dabei hatte sie auch das beiseitestehende und nicht so Obacht gebende Scharwild regelmäßig mit lautem Warnpfiff in die Flucht geschickt, wenn sich Jäger oder Adler allzu linkisch genaht hatten.

Ein weiteres ihrer Merkmale war, dass sie sehr wohl zwischen harmlosen Bergwanderern, die sich allerdings selten in diese schroffe Bergwelt verirrten, und gar nicht so harmlosen Jägern zu unterscheiden wusste. Da lag es nahe, dass sich der nachstellende Jäger als tumber Bergwanderer zu tarnen hatte – das Gewehr wohlverpackt im Rucksack, die Kleidung bunt wie zu Olims Zeiten. Allein, alles Tun hatte nie und nimmer genutzt, die Geröllhaldengams hatte noch jede Tarn und Täuschung durchschaut. Wie das so, das sollte ihr Geheimnis bleiben. Umso begehrenswerter erschien sie der nachstellenden Jägerschar, nicht zuletzt der reifen und besonderen Trophäe wegen, und im Übrigen hatte sie nun den Zenit ihres Lebens lange überschritten und konnte getrost der wilden Bahn entnommen werden. Wenn es denn so einfach zu tun gewesen wäre …

Auch mir war die alte Geiß seit einigen Jahren bekannt, hatte sie mehrmals in Anblick gehabt, aber entweder verbat das geführte Kitz einen Schuss, machte das Wetter einen dicken Strich durch die jagdliche Rechnung, oder die Gams wusste sich, wie bereits beschrieben, den Nachstellungen geschickt zu entziehen. Keinen einzigen Schuss war ich bisher auf sie losgeworden. Heuer sollte es nun endlich anders sein!

Es war schon recht spät am Morgen, als wir uns aus den warmen Federn schälten. Die Sonne lugte hell zum Fenster herein, weiß glitzernd lag der jungfräuliche Schnee, blau der wolkenlose Himmel, es versprach ein guter Tag zu werden. Nach dem kräftigenden Frühstück bei Walter und Maria kamen Franz und Hans zum Jagawirt, um uns zur oberen Gartleralmhütte zu lotsen.

Franzens Hütte sollte unser aller Heim in den kommenden Tagen und Nächten sein. Urgemütlich und liebevoll eingerichtet, sechs formidable Federbetten im doppelt zirbenholzisolierten Dachgeschoss, in der guten Stube eine siebte Schlafstatt neben dem Bullerofenherd, ein Häuserl für das tägliche Geschäft, ein Schuppen voller Brennholz, fließend klares kaltes Wasser vom Gebirgsbacherl im Baumstammtrog vor der Hütte, und ein herrlicher Blick über Berg und Tal! In den 1980er-Jahren hatte Franz das Material zum Neubau der Hütte – die uralte vormalige Hütte war in einer Stein- und Schlammlawine zu Tal gerissen und zerstört worden – dank guter Beziehungen mit einem Lastenhubschrauber des österreichischen Bundesheeres herauffliegen lassen, denn eine Bringung per Lkw oder Traktor war und ist ob der beschränkten Wegbarkeit vollkommen unmöglich gewesen.

Heutzutage ist eine Anfahrt nur mit dem allradgetriebenen Geländewagen oder Traktor möglich, wenn, ja wenn nicht hoher Schnee und glattes Eis allen automobilen Künsten vorzeitig ein Ende bereiten. Dann gilt es auf Schusters Rappen Gepäck und Proviant zur Hütte zu verbringen. So wie in früheren Zeiten der Angang per pedes oder bestenfalls per Ochs … das war dann wirklich ein Angang gewesen! In wirklich strengen Schneewintern ist aber auch damit irgendwann und irgendwo Schluss, dann bleibt die Heimstatt leer und dunkel, verrammelt, verschlossen, ein- und abgeschlossen und zugedeckt von einer meterhohen Schneedecke und wartet geduldig auf das Frühjahr – das alte Haus von Rocky Docky …

Eine einzige Ausnahme allerdings gab es: Franzens unverheiratete und mittlerweile leider verstorbene Schwester kam regelmäßig mit einem knallroten Moped den langen Weg herauf, um nach den Kühen zu schauen und allerlei Kräuter zu sammeln. Gab es einen langen Winter oder einen frühen Wintereinbruch, so fuhr sie bis zur Schneegrenze mit dem Moped, um den Rest des Weges zu Fuß zur Hütte zurückzulegen. Bei der eigenen Auffahrt zur Hütte fand man dann ihr rotes Moped am Wegrand im Schnee stehen … Die Bettstatt neben dem Bullerofen war immer für sie reserviert.

Franzens Schwester verstand sich auf Heilkräuter aller Art, bereitete Naturarzneien und Salben aus dem Fett der Murmel und bekömmliche Kräutertees. Und sie verstand sich auch auf die Zubereitung leckerster Salate aus dem, was die Flora der Bergwelt hergab. Wie sie da im langen Rock mit blumengemusterter Schürze auf der Alm umherwandelte und sammelte, erschien sie uns wie aus einer anderen Welt. Und doch war sie wiederum ganz modern, was ihre Diät und Kenntnisse der Blumen und Kräuter betraf.

Noch im Tal beim Jagawirt legte ich auf Franz' Anraten vorsichtshalber Schneeketten an alle vier Räder an. Als Proviant und Ausrüstung im Auto verstaut waren, machten wir uns am späten Vormittag auf den verschneiten Weg. Aus dem Tal heraus ging es durch dichten Forst zum Etrachsee, vorbei an dessen Gestaden, höher wand sich der Weg entlang der Etrach auf kahlen Matten, vorbei an jetzt geschlossenen Almhütten, Höfen und Jausen, bis dass der Weg erneut durch hohe Fichten, Lärchen und Zirben bergan führte. Gelegentlich war der Blick frei auf die majestätisch aufragenden Zweitausender, die herrlich weiß und grau in den stahlblauen Himmel ragten. Hans und Franz hießen mich dann, den Geländewagen anzuhalten, um die oberen Matten nach Gams abzuglasen.

Steiler ging der Weg hinan, längst hatten wir alle Berghütten hinter uns gelassen, und immer enger wurden die Serpentinen. Zwei- oder dreimal musste ich den Wagen zurücksetzen, um mit neuem Schwung eine Schneewehe durchbrechen und passieren zu können. Aber im Bergwald lag längst nicht so viel Schnee wie unten im Tal, nur der gestrige Wind hatte den Schnee an einigen Stellen zu Barrieren aufgetürmt. Und dann waren wir endlich da!

Franz hieß mich noch einmal im Waldhang den Wagen anzuhalten, er öffnete die Tür und Onkel Franz und Neffe Hans spekulierten ein jeder hoch in die links und rechts liegenden Bergwände, nahmen das Spektiv zu Hilfe, und dann sahen wir sie! Winzige, schwarze Punkte im Weiß des Schnees und im Grau des Gesteins – Gams! Da waren sie also.

Als wir genug geschaut und gesehen hatten, quälte ich das Automobil auf die baumlose, schräge Hochebene, an deren Ende das Ziel unserer automobilen Bergfahrt, die Gartleralmhütte, lag. Wunderbar mächtig ragten die schroffen Felsen im Hintergrund in die Höh, Franz und Hans glasten erneut die Hänge, Wände und Grate ab, verwiesen auf die eine oder andere im Fels stehende Gams. Von der Geröllhaldengams war nichts zu sehen, aber ihr Einstand, die Geröllhalde, war von der Gartleralmhütte auch nicht einsehbar. Wir verfrachteten Proviant, Jagdgeraffel und diverse Versorgungsgüter in der Hütte, entfachten ein Feuer im Bullerofen, und bald pfiff der Wasserkessel – es gab Jagertee.

Für einen Aufstieg war es mittlerweile zu spät geworden, denn um zur Geröllhalde zu gelangen, mussten wir über die rechterhand der Hütte liegende Wand zum Grat aufsteigen, um von dort über das Tal auf die Geröllhalde und die darüber liegende Steilwand in den Berg schauen zu können. Selbst bei optimalen Bedingungen – die Gams stünde da, frei und breit in guter Schussentfernung, Bergung ohne Schwierigkeiten und so weiter – wären wir niemals vor Dunkelheit zum Abstieg parat, geschweige denn an der Hütte gewesen. Und bekanntlich kann in den Bergen das Wetter schnell umschlagen.

Wir richteten uns folglich ein, machten es uns bequem und saßen auf der Bank vor der Hütte im herrlichen Sonnenschein. Nur die Becher dampften, denn niemand schmauchte, selbst Franz hatte seine ewig glimmende „Ernte 23", seine Raucherei, mittlerweile aufgegeben. Insgeheim dachte ich, mich seiner trotz der ständigen Qualmerei immensen Kondition am Berg erinnernd – dieses lässigen, leicht spöttischen, von oben herab hingeworfenen „Kimmst scho", dabei den blauen Dunst abblasend –, dass er nun gar nicht mehr zu halten sein würde, dass man nun gar nicht mehr mit ihm mithalten könne … Wir sponnen so allerlei Garn, ließen die Seelen baumeln, schauten in den blauen Himmel und den grauen Stein, und ab und zu leuchteten wir mit den Berggläsern die Hänge und Matten ab, beobachteten die Gamsen und die jungen Dinger, die Kitze, wie sie im lockeren Schnee umhertollten.

Hans hatte die einzelne Gams als Erster weg. Ganz hoch droben am Spitz in der linken Wand thronte sie. Im Höhenwind wehte ihr schwarzer Bart, das war sogar ohne Spektiv zu erkennen. Aber allein mit dem Fernglas konnte ich nicht erkennen, ob es die Geröllhaldengams war oder nicht. Diese Frage stand natürlich sofort unausgesprochen im Raum. Eigentlich konnte sie es nicht sein, denn selten war sie auf dieser Seite beobachtet worden, in den letzten Jahren gar nicht mehr, sondern immer nur auf oder nahe der Geröllhalde gesehen worden. Und die lag eben rechts, verdeckt vom Höhenzug, und nicht zur linken Bergseite.

Wie zur Beantwortung meiner Frage meinte Hans, dass es ein guter alter, jagdbarer Bock sei. Böcke waren heuer allerdings nicht mehr frei. Und Franz ergänzte, der unbekannte Alte da sei wohl zur nahenden Brunft aus einem Nachbarrevier herbeigezogen, denn auch ihm war der alte Bock nicht bekannt.

Das war ja nun mal eine Aufregung – wir stierten uns die Augenbälle aus den Höhlen, reichten abwechselnd das Spektiv herum, beobachteten, freuten uns über den Ankömmling. Alsbald schien es dem alten Herrn zu viel unserer Betrachtung zu sein, er erhob sich und stand als schwarzer Scherenschnitt gegen den azurblauen Himmel. Das Bild hat sich uns verewigt. Als die Sonne hinter dem Berg verschwand, verschwand auch der „schwarze Deifi" über den Grat. Es wurde Zeit, die warme Stube aufzusuchen.

Am folgenden Morgen waren die Berge und Spitzen in graues Tuch gehüllt. Nebelschwaden und Graupelschauer luden nicht wirklich zur Bergpirsch ein. Franz stand grummelnd und greinend am Fenster und schaute in den Berg. So viel verstand ich von seiner Gnatterei, dass ihm das Ganze gar missfiel. Maxi hingegen hatte viel jugendlichen Elan und meinte, wir sollten es versuchen.

Hans stand draußen und spekulierte in den Berg. Wie er Wildbewegung ausmachen wollte in der grauen Suppe, das war mir ein Rätsel. Wenn es einen lichten Moment hätte, so könne man ein, zwei Gamsen da heroben bei den Zirben ausmachen. Ich folgte seiner Armbewegung, aber entweder hatte ich keinen lichten Moment, oder ich wusste nicht, welche von den Zirben da heroben er meinte. Jedenfalls sah ich nichts an Wild, nur grauen Dunst vor grauem Bergmassiv. Eigentlich war das Bergmassiv auch nicht zu sehen.

Beim Hüttenfrühstück beratschlagten wir das Für und Wider eines Aufstieges im Nebel. Am Ende setzten sich Hans und Maxi mit ihrem Optimismus durch. Franz war anderer Meinung, blieb aber sportlich und machte nicht den Spielverderber. Obwohl ich reichlich skeptisch war, schloss ich mich der Mehrheitsmeinung an. Denn wer nicht in den Berg ging, der konnte auch keine Gams nach Hause bringen, und hier konnte man die Gams nicht vom Hüttenbankerl erlegen, hier musste man sich die Gams gerecht erjagen, geradezu erarbeiten. So soll es wohl auch sein.

Wir stiegen dann also auf. An der Hütte über den Bach und hinein in die erste Wand, Hans und Franz vorweg, dann ich und als Nachhut Maxi. Die Sicht war mies, aber das machte steigtechnisch keinen Unterschied, denn wir folgten einem zickzack in den steilen Berg führenden Pfad, den die Almkühe jeden Sommer im hohen Aufwuchs von Beerkraut, Büschen und zwischen Bäumen und Felsen traten. Immer wieder wunderte es, wie die schweren Rinder ihren drallen Wanst in anspruchsvollstem Gelände so hoch hinaufbringen konnten, wo es uns mitunter sehr beschwerlich war, Stufe um Stufe, Felsklippe um Felsklippe zu erklimmen. Ich tröstete mich dann mit der Erkenntnis, dass wir – wenn auch alle den Bergstock als drittes Bein einsetzend – zweibeinig, die Rinder aber vierbeinig unterwegs waren. Irgendwie erheiterte der Gedanke, einem Viehpfad zu folgen, andererseits war es dann aber nicht sehr erquicklich darüber nachzudenken, dass ein vermeintlich tumbes Rind ohne Mühen den Berghang erklomm, währen die „Krone der Schöpfung“ unter Schnauf und in Schweiß mühselig wie jämmerlich diesen Trampelpfad bezwang …

Schnee und Nässe machten den Aufstieg nicht gerade zu einem Kinderspiel, aber Hans und Franz verhielten häufig, um allen eine Verschnaufpause zu gönnen und um in den Berg zu schauen. Jetzt gab es gelegentlich lichte Momente, dann konnten wir im Gegenhang Gamsen an der Baumgrenze und oberhalb auf den Matten ausmachen. Und tatsächlich kam die Sonne zum Vorschein. Dies sind die Glücksmomente, wenn eine dem Schein nach triste Bergwelt zum Leben erwacht, aus dem gleichsam unbelebten Grau-in-Grau wird eine belebte, bunte, vitale Welt! Tannenhäher strichen von Baum zu Baum, überall konnte man im Fluge ihr braun-weiß gesprenkeltes Federkleid bewundern, ihre Rufe hören, gemischt mit dem Krächzen der Kolkraben und dem Zirpen der Meisen. Oben im Blau kreiste der große Greif, im Weiß des Gegenhanges standen die Gams und ästen von den Flechten, Moosen und Kräutern: Die Bergwelt lebte!

Weiter ging es bergauf, Jacke, Joppe und Kotze waren längst auf die Rucksäcke geschnallt, denn im Sonnenschein wurde uns nicht nur warm ums Herz. Hans frotzelte Franz wegen des plötzlichen Wetterumschwunges, aber der entgegnete nur, dass der Berg eben der Berg und es im Übrigen noch nicht aller Tage Abend sei. Wie er wohl Recht behalten sollte! Endlich hatte die Schinderei, die Steigerei ein Ende, wir erreichten den Grat, von dem man in das jenseitige Tal und vor allen Dingen in die Geröllhalde und die Steilwand des nächsten Berges schauen konnte.

Vorsichtig und in Deckung bleibend robbten wir unter ein paar Krüppelkiefern an die Höhenlinie heran. Hui, hier ging ein kühler Wind, den wir im Schutze der Wand beim Aufstieg gar nicht bemerkt hatten. Flugs waren Joppe und Jacke angetan, bevor wir endlich über den Grat lugten. Die Geröllhalde lag einsam und verlassen da, aber oben in der Wand standen sechs, sieben Gams und ästen im Windschatten von den Krautplacken: Gamsgeißen mit ihren Kitzen und einiges Jungvolk. Von der Geröllhaldengams war nichts zu sehen.

Franz kramte seinen Entfernungsmesser hervor – das Scharwild stand auf etwa dreihundert Meter. Es waren keine schießbaren Stücke dabei, und überhaupt waren wir ja der Geröllhaldengams wegen unterwegs. Das schien diese aber wenig zu kümmern, denn als nach selbst einer guten Dreiviertelstunde emsigen Schauens und Beobachtens mit Glas und Spektiv kein Fitzelchen der Geröllhaldengams zu entdecken war, da hieß es geduldig abzuwarten. Statt der ersehnten Gams meldete sich bei uns ein anderer Wegbegleiter: der Hunger!

Es war Mittagszeit, die Sonne schien vom Firmament, wir legten uns auf Wolldecken oder Kotzen in den Schnee, direkt unter dem Grat an eine Wand, wo wir vorm kühlen Wind geschützt lagen. Es war herrlich – an einem wunderbaren Fleckchen Erde mit Freunden und Sohnemann in der Sonne im Schnee zu liegen und die Jause aus dem Rucksack zu klauben: Da gab es einen Laib frischen Steinofenbrotes, geräucherten Speck, harten, schmackhaften Bergkäse, Äpfel und mit Tannenhonig gesüßten, schwarzen Tee aus der Thermosflasche. Und dabei die Fernsicht: Im von der Sonne beschienenen Gegenhang tollten einige Junggamsen im Schnee, andere schlugen darin nach Äsung, wieder andere lagen auf hoher Warte und beäugten die Szenerie. Und ganz hoch droben, am Piz, thronte der „schwarze Deifi“ auf einem Platz an der Sonne …

Bei aller prächtigen Szenerie und Jagdlust, mit gefülltem Magen machte sich eine gewisse Schläfrigkeit breit, und um nun nicht ganz und völlig den Sinn und Zweck unserer Unternehmung am Berg aus den Augen zu verlieren, verließen wir abwechselnd unsere Faulstatt, krochen ein jeder nacheinander zum Grat und hielten Wacht, beäugten die Geröllhalde nebst Steilwand, ein jeder so an die Viertelstunde. Alle hatten dasselbe Bild vor Augen: einige Gamsen in der Wand, nie nicht die Geröllhaldengams in Anblick.

Es passierte, als Hans zum zweiten Mal auf Wache lag: Wir dösten in der wärmenden Sonne, träumten ein jeder seinen Traum – ich für meinen Teil dachte gerade an die Geröllhaldengams und blinzelte zum weit entfernten „schwarzen Deifi“, da hörten wir ein Grummeln und Brummeln, gedämpft wie durch Watte, und dann ein schon klareres, härteres „Klicker-Klacker-Klack-Klack-Klack". Hans rief uns leise zu sich, hurtig krabbelten wir zu ihm herauf. Er brauchte nichts zu erklären – wir sahen das Rudel Gams aus der Wand flüchten und über die Geröllhalde hinweg nach rechts ins Tal hinter einem Felsbrock verschwinden. In der Wand aber stand eine steile Schnee- und Staubfahne, dort wo der Steinschlag zu Tale gegangen war.

Ich hatte es in der Eile nicht erkennen können, aber Hans versicherte uns, dass er inmitten des Spektakels und des dann flüchtenden Rudels die Geröllhaldengams hatte ausmachen können. Sie hatte wohl die ganze Zeit irgendwo in der Geröllhalde in Deckung gestanden oder gelagert, jedenfalls sei sie erst mit dem Steinschlag aus der Deckung gekommen. Plötzlich donnerte eine weitere Kaskade Stein und Fels aus der Wand! Ich schaute hinüber zu den Gamsen im Gegenhang – alle standen auf den Läufen und äugten zum Getöse an unserem Berg, nur der „schwarze Deifi" war nicht mehr da!

Weit nach Mittag, und zumal die Bergbühne vom Beutetier befreit, war es an der Zeit, den Abgang vom Berg zu machen, wollten wir vor Dunkelheit an der Gartleralmhütte sein. Als hätte der Wettergott unsere Absicht vernommen, flogen Wolkenfetzen heran und verdichteten sich in Blitzesschnelle zu einer dicken Decke, der Wind pfiff an Stärken mehr, da waren wir auf dem Steig, als auch erster Graupel uns um Nasen und Ohren flog. Maxi, der mir unentwegt und vermutlich grinsend brauchbare wie überflüssige Aufmunterungen unterschiedlichster Natur zurief, machte wiederum die Nachhut, dann kam meine Wenigkeit, Franz als Vize und zuvorderst Hans, der das Schritttempo vorgab.

Nun ist dieses Hans'sche Schritttempo bereits an anderer Stelle beschrieben worden – einer Bergziege gleich flog er mühelos dahin, wo er einen Schritt machte, brauchte ich derer drei und mehr. Dennoch behielt ich zwar mühsam aber immerhin Anschluss an das Führungsduo und so war es mir vergönnt, wenn Maxi mal eine Pause in Sachen „Aufmunterung" machte, diesmal Franzens Frotzeleien gegenüber Hans zu vernehmen: „Chra, jetzat, wos is jetzt des fir a g'scheits Wetter, chra!?!" Das Gefrotzel ging so bis zur Hütten, wo wir von Graupel- und Flockenwirbel zwar ganz geweißt, aber wohlbehalten an Leib, Herz und Seele eintrafen.

Den Blick in den Berg lohnte es nicht, denn zu den Graupelschauern kamen tieffliegende Wolken- und Nebelfetzen, es war wie am Morgen, als wir aufgebrochen waren – graue Tristesse. Ganz anders dagegen unsere kollektive Laune – um die war es bestens bestellt, hatten wir doch einen wirklich schönen Tag im und am Berg verbringen, ein Naturschauspiel ersten Ranges vom ersten Rang bewundern dürfen und last but not least die ersehnte Gams, die Geröllhaldengams, bestätigen können. Und nun lag eine zünftige Hüttenmahlzeit nebst geistvoller Getränke und Unterhaltung vor uns, bevor wir uns wohlig müde in die Betten begeben würden. Und morgen sollte es ein anderer Jagdtag werden!

Franzens Geklappere mit Pütt un Pann weckte mich am nächsten Morgen. Der Duft von gebratenem Speck und Spiegeleiern ließ mich Geschmacksfäden ziehen. Ich blickte aus dem Fenster, da stand Hans vor der Hütte und spekulierte im ersten Sonnenstrahl in den Berg. Heidewitzka! Es war blauer Himmel, weißer Berg und kein Wind!

Ich knuffte den schnarchenden Maxi in die Seite. Jetzt war es an mir, grinsend und feixend, Maxi brauchbare wie überflüssige Aufmunterungen unterschiedlichster Natur zuzurufen. Aber derer brauchte es gar nicht – der Küchenduft und sein allgegenwärtiger Appetit trieben ihn aus den Federn. Ich sprach mit Hans, er meinte, es sei ein guter Jagdtag! Ich sprach mit Franz, und er meinte, es sei ein guter Jagdtag! Das war ja dann mal ein Tag! Hans und Franz waren sich in der Beurteilung des Tages und des Wetters einig: Es war Kaiserwetter!

Nach dem Frühstück waren wir zügig aufstiegsbereit und voller Taten- und Jagddrang. Heute ging Franz voran, dann Maxi, dann Hans, die Nachhut machte ich. Es war recht warm, der Schnee schmolz unter unseren Bergstiefeln, und die Pausen waren häufiger, damit wir nicht verschwitzt am Grat ankommen würden. Im Gegenhang stand das Scharwild heute etwas höher, nur den „schwarzen Deifi" konnten wir nicht ausfindig machen. Vielleicht war er auf die Schattenseite gezogen, da es ihm ohne den kalten Wind zu warm am Piz geworden war?

Maxi war plötzlich ganz aufgeregt! In einer unserer Steigpausen hatte er nicht nach oben zu den Gamsen geschaut, sondern gegenüber den Bergwald abgeleuchtet. Sehr weit entfernt, auf einem lichten, sonnenbeschienenen Flecken im Bergwald, wo grüne Krautäsung durch die dünne Schneedecke ragte, leuchtete es rot: Ein einzelner, guter Berghirsch stand dort im steilen Gelände!

Franz war voll des Lobes für den angehenden Jungjäger Max, meinte, er würde demnächst Max an Hans' Stelle zur Jagd mitnehmen. Wir grienten! Hans erwiderte, dann würde er im Gegenzug auf Franz' Jagddienste verzichten und eben Max anstatt Franz mitnehmen. Wir grienten mehr! Ich haute Max anerkennend auf die Schulter, mahnte aber, er solle nach Gamsen schauen und nicht nach Rotwild. Daraufhin meinten Franz und Hans gemeinsam, demnächst würden sie Max zur Jagd mitnehmen und mich in der Hütte zum Hüttendienst zurücklassen. Wir grienten am meisten! Erst als der Schallpegel unseres Heiterkeitsanfalles pirschgerechtes Niveau erreicht hatte, ging es weiter bergan; denn wir waren nicht mehr weit vom Höhenzug.

Rechtzeitig kleideten wir uns mit Jacke und Joppe, Hans machte die alleinige Vorhut und kroch zum Grat, denn, wie er sagte: „Heut möcht's passen!" Kaum, dass er oben war und über die Kante lugte, da drehte er sich vorsichtig um und winkte mir, dass ich alleine hochkommen möge. Durch den Schnee robbte ich zu ihm.

Oben angekommen folgte ich Hans' vorsichtiger Kopfbewegung und blickte durch mein Glas. Das war aber erst einmal beschlagen vom Schnee, und so dauerte es eine Weile, bis ich gewischte Linsen und klare Sicht hatte: Die Geröllhaldengams stand mittig oben auf der Geröllhalde, allein, mutterseelenallein, klar, deutlich und schwarz im Schnee, und es brauchte kein Spektiv, um ihr abnormes Gewichtl zu erkennen.

Hans schaute derweil durch den Entfernungsmesser: „Die Goas is zwohundert Meter weit, wart a bisserl, bis sie breit staht!"

Die Gams stand, felsenfest und in Stein gemeißelt, auf einem etwas erhöhten Fels inmitten der vielen schneebedeckten Felsbrocken. Sie stand spitz, zeigte uns ihre Kruppe und blickte unverwandt in die Wand. Ich rückte meinen Rucksack als Auflage zurecht, bettete die Kipplaufbüchse darauf, legte mich bequem zurecht und machte Zielübungen.

„Hoast Zeit", zischelte Hans, und in der Tat bewegte sich die Geröllhaldengams kein Stück. Sie stand und stand und starrte in die Wand. Was hatte sie nur? Wir konnten uns keinen Reim daraus machen.

Lautlos erschien Maxi neben mir, eigentlich war das gegen die Abmachung, aber links von Hans erschien auch Franz. Platz hatte es genug, der Wind, der keiner war, stand günstig und Deckung hatten wir zur Genüge. Alle starrten wir zur Gams, ich durch das Zielfernrohr, Hans durch das Spektiv, Franz und Maxi durch ihre Gläser.

„Was hat sie denn?", fragte mich Max, aber ich zuckte nur mit den Achseln.

Die Anspannung forderte Tribut, meine Augen begannen zu tränen, ich versuchte, mein aufkommendes Jagdfieber durch Ablegen des Kopfes zu mildern. Wieder blickte ich durch das Zielfernrohr, hielt das Fadenkreuz unverwandt auf die Geröllhaldengams. Nur, dass ich ihr immer noch auf die Kruppe schaute.

„Sakra, des is fei nix, i woas net", murmelte Hans.

Mit einem Male vernahmen wir ein Grollen im Berg, ich dachte erst an ein Gewitter, aber der Himmel war blau, dann dachte ich an ein Flugzeug, aber das Grollen war laut und zu nah, ein Flieger konnte es nicht sein. Immer noch stand die Geiß wie zementiert, ich blickte über das Zielfernrohr in den Berg.

Und dann brach die Hölle los. Mitten im Getöse brach eine riesige Scholle aus Fels, Stein und Brocken aus dem Berg, mittig über der Geröllhalde, genau über der Geröllhaldengams. Wie in Zeitlupe fielen Tonnen von Gestein senkrecht herab, eine Fahne aus Staub und Schnee stand einer Zypresse gleich senkrecht in der Luft, unten am Boden aber rauschte die Lawine die Geröllhalde herab und begrub krachend und donnernd alles, aber auch alles, unter Stein, Schlamm, Schnee und Staub. Der Berg bebte. Dann unheimliche Ruhe!

Wir starrten mit untertellergroßen Augen zur Geröllhalde. Nichts war mehr so, wie es gewesen war. Die Geröllhalde war nun um etliches größer und höher als zuvor, die Steilwand war nicht mehr, es klaffte ein meterdicker, langer Spalt im Berg, dort wo sonst die Gamsen geturnt hatten. Und die Geröllhaldengams? Die Geröllhaldengams war nicht mehr, sie lag begraben und erschlagen unter einer meterdicken Geröllschicht – der Berg war der Tod der Geröllhaldengams!

Schweigend stiegen wir vom Grat, schweigend beschritten wir den Pfad herab zur Gartleralmhütte. Auch wir waren wie erschlagen. Als wir in die Gegenwand blickten, da sahen wir gegen den blauen Himmel einen schwarzen Gams am höchsten Punkt des Grates stehen. Still stand er da. Es war, als hielte der „schwarze Deifi" die Totenwacht für die Geröllhaldengams.

Ein Politikum

Der Fuchs, der Alte und der Wolf

„Millionen Jahre haben wir als Jäger überlebt. In den wenigen Jahrtausenden, seitdem es diese Notwendigkeit für uns nicht mehr gibt, hatten wir keine Zeit für bedeutende biologische Veränderungen [...] Unsere Hoffnung, uns selbst und unsere Welt zu verstehen, ist heute gering, wenn wir nicht einsehen, dass der Mensch in seinem innersten Wesen immer noch ein Jäger ist."
(Robert Ardrey: Der Wolf in uns; 1976)

Er war jetzt im fortgeschrittenen Alter und sein Balg wurde dünner. Die Seher ließen nach, wie auch seine Gehöre nicht mehr so gut waren wie noch vor einigen Jahren. Aber nun, da die Welpen selbstständig waren, und seine Fähe ihn verlassen hatte, hatte er mehr Zeit für sich und die Jagd.

Diese Zeit brauchte er auch, denn um das Jagen war es schwieriger bestellt als ehedem, als er im besten Alter war und vor Kraft und Elan nur so strotzte. Alles ging langsamer, einiges misslang nun, da seine Kräfte nicht mehr behände waren. Die Schwächung seiner Sinne ersetzte er mit Erfahrung, und alles in allem brachte er einiges zur Strecke. Aber die Nachbarn waren jung, dreist und rüde, sie machten ihm Teile seines Revieres streitig, und er war der vielen Auseinandersetzungen müde, er wollte nur seine Ruhe haben. Also begnügte er sich nach allen Streitereien mit einem kleineren Revier, was ihm reichte, zum Jagen gab es reichlich. Wenn da nicht eine neue, eine wirkliche und neue Beunruhigung gewesen wäre …

Sie nannten ihn den „Alten". Erfahren war er, ein langes Jägerleben lag hinter ihm, und auch er war jetzt im reiferen Alter. Sein Haar ward schütter, eine Brille half den betagten Augen, und mit den Ohren war es auch nicht mehr zum Besten bestellt. Die Kinder waren selbstständig und aus dem Haus, wie er auch von seiner Frau geschieden lebte. Viel Zeit hatte er nun zum Jagen, endlich, aber obgleich seine Passion ungebrochen, so war die Energie nicht mehr so wie zu seiner stärksten Zeit. Alles ging langsamer, einiges konnte er nur mit Hilfe anderer umsetzen. Aber die Erfahrung machte vieles seiner reduzierten Sinnesleistungen wett.

Eine gerichtliche Auseinandersetzung um eine für ihn missliche Revierarrondierung, von den neureichen Nachbarschnöseln angezettelt, nervte ihn gewaltig, und nur des Friedens willen gab er nach, begnügte sich mit einem kleineren Revier. Letztlich waren die abgegebenen Teile nicht jagd- und hegeentscheidend, und er hatte jetzt immer noch ein feines, wenn auch im Vergleich zu ehedem nun kleineres Revier. Welches aber zu einer ansehnlichen Strecke reichte. Die Raubwildjagd hatte es ihm besonders angetan. Wenn da nicht eine neue, eine wirkliche und neue Bedrohung gewesen wäre …

Der alte Rüde war wirklich beunruhigt. Der Grund war nicht der alte Jäger, den er nur zu gut kannte, seine Schliche, seine Gerüche, seine

Orte – wann, wo und wie er jagte. Und von dem er wusste, dass er sich von ihm fernzuhalten hatte. Nicht umsonst war der Rüde so alt geworden, und viele seiner Sippe waren früh verloren, da sie es im Umgang mit dem Alten an der gebotenen Vorsicht hatten mangeln lassen. Ja, er hatte manch scheinbar einfachen Bissen liegen gelassen, diesen von weitem aus sicherem Versteck und den Alten beobachtet, oder er hatte dessen Geruch wahrgenommen. Einige Male war er ihm nur knapp entkommen, aber das hatte ihn vorsichtiger und umsichtiger werden lassen. Und er hatte nicht vor, in seinem späten Leben mit dem Alten nähere Bekanntschaft zu schließen …

Nein, es war nicht der Alte, der ihm Unbehagen bereitete. Es war dieser neue, unbekannte Geruch, der jedes Mal von dieser starken Spur ausging. Ein scharfer Duft, den er nicht kannte. Aber etwas sagte ihm, dass er sich auch vor diesem Geruch hüten musste. Obwohl in dieser Spur und am Ende dieser Spur häufig Fressbares für ihn zu finden war. So wie bei dem Alten! Aber eben das beunruhigte ihn so sehr – es war ihm einfach zu leicht!

Das leichte Fressen war schon sehr verführerisch, jetzt da ihm die Jagd auf seine Beute mühseliger zu gelingen schien. Es war schon sehr lockend, und so einfach. Aber sein ihm angeborener Argwohn und seine Erfahrung mahnten ihn zu Vorsicht und Zurückhaltung. Gleichwohl, es war doch schon sehr verlockend, und so näherte er sich vorsichtig dem toten Reh, oder dem, was noch davon übrig war …

Eines frühen Morgens stieß der alte Jäger auf die Spur des alten, mächtigen Rüden. Dieser Fuchs war ihm immer und immer wieder ausgekommen. Seine einzigartig kräftigen Brantenabdrücke standen da im weichen Boden, und er schätzte das Gewicht des Rüden nach wie vor auf gute zehn Kilo – was für eine begehrenswerte und begehrte Beute! Jahrein, jahraus war ihm dieser durch die Lappen gegangen. Sollte es ihm heute gelingen? Sollte er ihn heute in seinem Tagesversteck aufspüren und erbeuten können?

Der Wind war gut. Vorsichtig pirschend folgte er mit seinem Weimaraner Rüden der Spur. Wohin mochte es den Fuchs wohl gezogen haben? Immer wieder blieb er stehen, prüfte den Wind. Der war günstig. Er betrachtete sorgsam die Umgebung, glaste von weitem jedmöglichen Unterschlupf ab, um dann behutsam weiterzupirschen.

Dann stieß er mit des Fuchses Schnürspur auf eine andere, größere, mächtigere Spur. Im Nu standen seinem Rüden alle Rückenhaare aufrecht, der Hund fletschte und knurrte ohne Unterlass. Im ersten Moment dachte der Alte an die Tritte eines Hundes, eines schweren Hundes, wunderte sich aber über das ungewöhnliche Verhalten seines Weimaraners. Bei genauer Betrachtung wurde ihm dann bald klar, dass hier die eigentümliche Spur eines … Wolfes verlief! Das war eine Sensation! Denn wohl war in der ferneren Umgebung die eine und andere Sichtung erfolgt, aber hier, in seinem direkten Umfeld und Revier, hier hatte bislang Ruhe geherrscht. Bislang! Denn Spurbild und Trittsiegel waren hundsuntypisch, und das bis dahin nie beobachtete Verhalten seines Hundes sprach ebenfalls für einen Wolf.

Sie folgten nun den beiden Spuren, der eine neugierig-besorgt, der andere beeindruckt … Was bedeutete das Erscheinen eines Wolfes? Würde er bleiben? Was würde aus dem Wild? Welches Wild würde wie beeinflusst werden? Wie würde das Wild sein Raum-Zeit-Verhalten ändern? Wie würde der Wolf seine Jagd, sein Jagdgeschehen, sein Jagen beeinflussen? Und würde er, der Superprädator, womöglich zu einer existenziellen Gefahr des Wildes, seines Reviers, gar des Reviersystems im Allgemeinen werden? Und damit für ihn, den anderen Jäger? Wie mit dieser Konkurrenz umgehen? Fragen über Fragen, die ihm beim Ausgehen spontan durch den Kopf schossen, ohne dass er vorerst Antworten, befriedigende Antworten fand. Nur große Fragezeichen zu großen Fragen! Ein Politikum? Ein gewaltiges Politikum – eine res publica!

Die beiden Spuren liefen, mal im Parallellauf, mal ineinander, durch Feld und Wald, und nur durch seinen Hund konnte er sie in schwierigem Gelände halten. Vorsichtig pirschend, waren sie gerade in einen lichten Hain gelangt, als der Hund am Rande der Lichtung vorstand und buchstäblich erstarrte. Der Alte blickte nach vorn und durch sein Glas. Auf der anderen Seite der Freifläche lag ein Kadaver. Offensichtlich die Reste eines Rehs. Aber da lag noch etwas. Etwas Rötliches. Ein zerzauster Fuchs!

Als er etwas näher heran war, umkreiste er vorsichtig und im gebührenden Abstand das tote Reh. Wieder und wieder zögerte er, zog vor, ging zurück, kreiste erneut. Die Witterung, die ihm die leichte Brise zutrug, war gleichermaßen süßlich verlockend wie penetrant scharf und abstoßend. Im Widerstreit seiner Gefühle behielt der Hunger letztlich die Oberhand. Der Fuchs näherte sich dem Kadaver, blickte noch einmal in die Runde und schlug dann seinen Fang in die Ein-

geweide des Rehs. Gierig und eilig würgte er die ersten Bissen hinunter, blickte wieder in die Runde – alles schien in bester Ordnung zu sein. Erneut verschwand sein Haupt in der geöffneten Bauchhöhle des Rehs. Die gelben Lichter im nahen Busch sah er nicht. Auch nicht den grauen Schatten.

Wie ein Blitz kam der Wolf über den Fuchs. Als der alte Rüde den Wolf bemerkte, da war es zu spät. Er war über ihm, und er spürte den Todesbiss in seine Kehle schon nicht mehr … Der Wolf schüttelte sein Opfer, das Rückgrat war aber bereits gebrochen. Der erste Biss war tödlich gewesen. Wieder schüttelte er den toten Fuchs, als ihn ein Geräusch ablenkte. Es kam von hinterwärts, von wo er sich dem ahnungslosen Reh zuvor genähert hatte. Wind bekam er nicht, aber wieder hörte er ein leises Geräusch. Lautlos verschwand der Wolf im angrenzenden Busch und entfernte sich …

Der Alte blickte durch seinen Feldstecher und suchte den Rand der Lichtung ab. Aber da war nichts, nur das tote Reh und der tote Fuchs lagen auf der Fläche. Sein Weimaraner war jetzt außer sich, so zornig und ängstlich hatte er ihn nie erlebt. Vorsichtig schritten sie vorwärts, aber alles war ruhig. Vor ihnen lagen das angeschnittene Reh und der zerzauste Fuchs. Es war, so viel konnte der Alte noch sehen, der prachtvolle, starke, alte Fuchsrüde, der hier sein Leben ausgehaucht hatte. Der Fuchs war warm, im hohen Kraut der Lichtung war nicht viel auszumachen, aber offensichtlich hatte eben erst ein kurzer, einseitiger Kampf um Leben und Tod stattgefunden.

Für ihn, den Alten, war klar, dass der Wolf der Jäger gewesen war. Aber ihm stellte sich die Frage, wer hier der bestimmende Super-Jäger war. Und: Wer würde in Zukunft wessen jägerisches Dasein maßgeblich bestimmen?

Tempora mutantur, etiam vulpes …

Im Wechsel der Jahreszeiten

Unser Sein wird wesentlich bestimmt durch Witterung und Wetter. Jahrein, jahraus erleben wir Frühling, Sommer, Herbst und Winter. Gäbe es nur eine einzige Jahreszeit – nicht auszudenken der Verlust an Faszination des steten Wandels, an Vorfreude auf die folgende Jahreszeit, ganz abgesehen vom ökologischen Desaster. Doch eine Jahreszeit hin, vier Jahreszeiten her – eines bliebe gleich: Das Muss der Jagd auf Räubermeister Reineke.

Das Gros der Bevölkerung dürfte die warmen Jahreszeiten Frühling und Sommer bevorzugen. Doch eine nicht ganz so kleine Minderheit wird auch den vermeintlich tristen Jahreszeiten Herbst und Winter etwas abgewinnen können, oder müssen. Wohl dem, der sich Naturfreund, Jäger, Heger, Fischer, Bauer nennen mag und mit dem Wechsel der Jahreszeiten und ihren Auswirkungen zu leben hat. Und eine gar ganz schreckliche Vorstellung ist die, dass der Mensch willentlich wie direkt das Wetter nach jeweiliger Interessenlage beeinflussen könnte. Das wäre der Untergang schlechthin – die Apokalypse jetzt!

Winter – in der kargen Zeit enthüllen Feld und Wald so allerlei Geheimnis, blattlos wie kahl manch Baum und Strauch jetzt alten Bettvorlegern gleichen, indessen im Sommer saftvoll, kraftvoll sie erstrahlten, die Flur als undurchdringlich grüner Dschungel prahlte. Was wär' es dann ums Wunder der Natur, könnten wir nicht teilen, mehr ahnen denn wissen, ob der Fülle ihrer Schönheit, Kraft, Erhabenheit, im jährlichen Wechsel des Entstehens und Vergehens und des neuerlichen Erwachens. So dann und wann, sofern wir mögen und vermögen, für einen Wimpernschlag den Schleier des Verborgenen lüftend.

Schieres Staunen, Strahlen, Prahlen. Das Grünbraunbunt des Sommers wich dem Schwarzweißgrau des Winters, manch dickes Dickicht ist nun karger Strauch, und Deckung wich der Sicht. Was einst verborgen blühte, grünte, lebte, liegt hüllenlos nun da – die Illusion scheint uns geraubt. Und doch, im Wissen um das Kommende, in Vorfreude des Erwartens, das neue Leben zu begrüßen, blassblauer Himmel über frischzart erstem Grün, das Crescendo und Diminuendo der Vögel Chor, darauf wir uns freuen, jetzt da die Flur in purem, klarem Weiß erstrahlt, glänzt, prangt und gleißt, der Frost uns in die steifen Glieder beißt.

Nun deckt der Schnee das, was sonst hüllenlos und blank. Doch wie verräterisch ist seine Plache, sie zeigt die Fährte, Spur und das Geläuf. Und manches Drama aus der Nacht! – Ein schwarzer Schattenstrich in weißer Flur, der Fuchs, in feistem Wintermantel unterwegs! Und alle Kälte ist vergessen, das Fieber steigt, die Klage schallt, die Fähe starrt, springt an, springt ein, steht zu, verhofft, und da ereilen sie die Schrote. Tot sinkt sie hin in Schnee und Eis, schwarzrot und weiß auf Weiß.

Die Winterstille, die der Schuss zerriss, ist wieder da, nur scheinbar einsam ruht das Feld, der Wald, das Tal, der Berg. Nicht lang, dann bellt und ranzt der Rüde, denn ewig lockt das Weib. Noch steht er draußen auf dem Feld. Weit weg, zu weit, ruft er die Fähe. Gedämpfter Schall im Puderschnee. Er hält nicht still, er ruft und sucht doch nach dem Weibe – errötend folgt er ihrer Spur. Dort, an der Lichtung, macht er halt, der Liebeswahn macht ihn nicht tumb, er steht und stockt, verhofft am Rand des Hages.

Jetzt tönt ganz leis des Lockers Laut. Wer ist da voller List und Tücke? Allein, des Alten Argwohn ist umsonst – die Lust ist allemal zu groß. Zwar wird der grobe Hagel ihm nichts tun, dafür steht Meister Voss zu weit, jedoch die Kugel reißt ihn in den Schnee. Nichts rührt sich mehr, nichts rührt ihn mehr. Und dankbar beugt sich Ehrfurcht vor aller toten Kreatur.

Vom Himmel rieselt Schnee, der Sterne Glanz verlischt, der Sterne Licht erlischt. Mit Beute reich beladen, ist's Zeit, die Heimkehr anzutreten. Still ruht der Forst in tiefem Schnee. Doch aus der Ferne, leis ganz leis, da singt ein Pfiffikus sein Lied – vivat hoch, vulpes in eternam! Die Winterzeit ist Hochzeit und Balgzeit!

Frühling – welch ein Erwachen! Welch ein Versprechen! Ein Sehnen, ein Dehnen, ein Wecken und Strecken nach Sonne, Wärme, Luft und Duft. Nach neuem Leben und Erleben. Der Winter, harsch und barsch, noch wehrt er sich, schickt Frost, mal Schnee, mal Reif. Doch Frühjahrs Freund, der Sonnenstrahl, er kommt, erst zart und sacht, dann mehr und mehr mit aller Macht, ganz sehnsüchtig erwartet. Die Göttin Eos, rosenfingrig gleich …

Man summt das Lied der Rösselein, im Märzen der Bauer dieselben anspannt. Der Winter weicht, nun Winter, ade! Scheiden tut weh! Aber dein Scheiden macht, dass jetzt mein Herze lacht. Und Hoffmann von Fallersleben dichtete sein „Winter ade“: „So hört doch, was die Lerche singt! Hört, wie sie frohe Botschaft bringt! Es kommt auf goldenem Sonnenstrahl der Frühling heim in unser Tal …" Der Vogelzug in vollem Gange, die ersten Knospen, Blumen sprießen, und Schmetterling, das Flatterding, beim ersten Sonnenstrahle gaukelt. Und Reminiscere, putzt die Gewehre …

Wenn dann die Wiesen wieder blühen, die Löwenblümchen gelblich glühen, das erste zarte Laub am Baum, der Vögel laut Gesang erschallt, dann endlich ist es Frühlingszeit! Im tiefen Forst, in Malepartus' Burg, spielt das Geheck Versteck. Sechs Welpen tollen, balgen, raufen, ein abgenagter Knochen taugt als Prise, und auch die Schwingen der Fasanen sind allererste Preise.

Die Fähe plagt sich arg, die Nimmersatten zu versorgen. Glanzlos und struppig ist ihr Kleid, es bleibt keine Zeit zur Schönheitskur. Selbstlos schleppt sie die Beute heim. Obgleich der Hunger drängt, der Saft ihr aus dem Maule sprengt, rührt sie doch kaum die Beute an. Und selten kommt der Rüd' hinzu, doch dann und wann, wenn's ihm grad passt, spendiert er Happen für die Rangen.

So wächst heran die neue Bande, der Hunger wird nur arger, die Welpen gehen selbst als Jager, vorerst mit Frau Mama. Auch manchmal mit dem Herrn Papa. Sie zeigen ihnen wie man jagt, auf Maus, Maulwurf, Kanin und Has' und manches wilde Federvieh. Längst ist der Bau durchweg vergessen, am Rain, im Feld und in der Wiese ist ihnen gutes Fressen.

Drei junge Füchse stochern in der Wiese. Die Jungen sind noch ungeschickt, die Jagd auf flinkes Wild so nicht gelingt. Da bleiben für die jungen Recken nur Würmer, Kerfen oder Schnecken. Die Maus dagegen wär ein Schmaus … Laut schmatzend und mit Widerwillen, denn eklig-klebrig ist das Ding, die Lefzen hoch, das Maul ganz weit, verspeist der Primus eine Schnecke. Neugierig-gierig naht der Zweite und will die fette Schnecke rauben. Da! War da nicht ein Piepsen? Und wieder tönt der Mauselaut! Zwei junge Füchse reißt es rum, die List, sie halten sie nicht lange aus, ein jeder will zuerst die Maus, flugs-ungestüm geht es da aus.

Und jetzt, vermeintlich schreckt ein Reh, die Füchslein bleiben stehen, verwundert ob der Störung, da blitzt und knallt die Garbe raus, zwei junge Leben haucht es aus … Der Dritte aber, schüchtern-schlau, trotz Hunger nie gefräßig, verlässt die Szene blitzeschnell, es rettet ihm sein junges Fell – ihm wird ein langes Leben sein. Die Frühlingszeit ist Schonzeit und Auswahlzeit!

Sommer – so lang ersehnt, hat endlich Einzug er gehalten! George Gershwin's Song von „summertime, and the livin' is easy, fish are jumpin', and the cotton is high" trifft's auf den Punkt … Am Firmament der Glutball steht, die Hitze flirrt, sie dörrt Stadt, Land und Fluss. Der tiefe Teich, der noch im Frühjahr überquoll, ist nun ein flacher Pfuhl, ein Tümpel, ganz einer braunen Suhle gleich.

Flachsgold steht das Getreide in der Frucht, glutheißer Wind wogt durch das Meer der Ähren, und grün das Gras der Wiesen wächst, sofern des Regens Flut, im steten Wechsel mit der Glut, den Boden nässt und tränkt. Doch noch ist Helios gnadenlos. Es dürstet Mensch, Tier, Land und Baum. Soweit das Auge reicht, erstreckt sich helles Gelb und dunkles Grün, gelegentlich schon erstes Braun.

Die Tierwelt sich in Deckung schummelt, flieht vor der Tageshitze Glut, vor Tau und Tag und in der Morgenkühle sie in der hohen Flora bummelt. Fast nur das frühe Licht am Morgen macht möglich es dem Jägersmann, dem wilden Tiere nachzuspüren. Fuchs und Konsorten schnüren solitär, ein jeder schleicht allein. Der alte Rüde, bissig-brummig, der nöckert nur herum, wohl besser geht der junge Fuchs dem Alten aus der Spur. Und auch die Fähe, fürsorglich ehedem, ist nun so gar nicht mütterlich, ihr steht der Sinn nach Fraß und Beute, denn struppig-schlaff, zu groß, ist noch ihr Mantel heute.

Das Korn gemäht, die Stoppel steht, goldgelb auf braunem Feld, und sorgt für Licht und Sicht in kurzer dunkler Finsternis. Zwei Schatten schleichen durch die Nacht, lang, nieder, hingestreckt, mal kurz zu sehen, dann wieder nicht, der eine hier, der andere dort, so geht es zu am Ort. Gut sichtbar sind die Schattenrisse. Am Feldrain sitzt der andere Räuber, gedeckt und gut versteckt, und schaut dem munteren Treiben zu.

Gerade hat der eine Fuchs dem Rebhuhn den Garaus gemacht und frisst genüsslich seine Beute. Da tönt vom Rain die Vogelklage, erst seicht und leicht, dann laut und lauter, der Vogel scheint in höchster Not – pass auf, du Fuchs, gleich bist du tot! Der eine, der

das Huhn verspeiste, dem steht der Sinn nach mehr, und hastig geht's zum Ackerrain dem Vogel hinterher. Der andere Fuchs bleibt bang zurück …

Derweil der eine Fuchs noch sucht, piepst eine Maus ganz in der Nähe. Potz Blitz, er hebt den Kopf, er lauscht, er schaut, Gehöre auf, die Seher weit, das war es dann – es kracht … Und leblos sinkt er in die braune Krume! Derweil sich hurtig, schnell und leise der Vorsichtige vom Acker macht.

Für eine Weile herrscht nun Ruhe, bis dann ein neuer Schatten schleicht. Die Klage lockt ihn nicht, kein Vogel, kein Kanin noch Maus, ganz dreist sucht er sich selbst die Beute aus, der Klageton ihn nicht verlockt. Entweder alt-taub oder kundig – dann muss ja wohl die Hornet sprechen! Einmal, nur einmal steht auf gelben Grund des Räubers schwarze Silhouette, ein Scherenschnitt im weiten Feld, breit, frei und stark, da hallt der Schuss, und in der Stoppel dreht der Fuchs die allerletzte Pirouette. Die Sommerzeit ist Jagdzeit und Ausdünnzeit!

Herbst – die hohe Zeit der Jagd! Wenn herbstlich sich die Blätter färben, beginnt die wahre Zeit im grünen Rock, und nur die Jünger in Huberto zieht es nicht hin zum „Blauen Bock". Altweibersommer heiß noch bockt, der goldene Oktober wohlig lockt, doch schon der erste Sturm, er rüttelt, schüttelt, pocht und locht, der Blätterwald wird lichter. Der zweite schon die Eichen fegt und manche alte Tanne legt. Der dritte tilgt mit Sturmgebraus, wildem Geheul und Wolkenbruch manch Ackerfrucht und Forstes Haus. Und dann, wenn's weder stürmt noch schneit, herrscht oftmals Dunst wie Diese. Zwar lacht der Sonnenstern am hohen Berg, jedoch im tiefen Tal der Nebel werkt.

Oft macht die Witterung im Herbst unmöglich, was hegerisch doch so sehr löblich. Dennoch, es sei abschließend vermerkt: Der

Jäger unverzagt, hat noch so manchen Fuchs erjagt! Drum auf, ihr müden Couchgesellen, wer auf dem Sofa liegt, der niemals siegt, kann niemals was bestellen. Ran an die vielen Räuberquellen, auf Drück- und Treibjagd, Pirsch und Ansitz, der Einzel- und Gesellschaftsjagd. Nicht nur sei Dank der Bodenjagd, zum Schluss auch noch der Fallenjagd!

Blätter zuhauf an Waldes Halde, der Wind steht gut, ein Lüftchen nur im Bergabhang, die Sonne, blass, am Himmelszelt, scheint matt durch graue Wolkenwelt. Das Treiben ist grad angeblasen, jetzt heißt es aufgepasst, hab acht! Denn ganz zuerst und allverfrüht, der Fuchs sich aus dem Trubel müht. Und schon, jetzt hört man aus der Ferne die Treiberwehr und das Gelärme. Potz Donner! Da ist es schon passiert, der erste Voss den Weg trassiert; doch allemal war er zu weit. Ob der wohl noch mal näher steigt?

Für eine Weile tut sich nichts, links macht es „Piff" und rechts mal „Paff" und auch von vorne kommt der Krach. Das Wild ist auf den Läufen, wird es sich hier noch häufen? Pass auf, verliere nicht den Fokus, sonst macht dir Voss den Hokuspokus.

Auf einmal, und vermeintlich überraschend, schnürt flink ein Räuber auf dem Pass, kommt aus dem dunklen Schattenreich und zwängt sich durch das Blätterreich. Schon ist er auf der lichten Blöße, da stoppt ihn Rehbocks Schreckensflöte. Erstaunt blickt er zum Ort der Quelle, den nächsten Krach er nicht vernimmt, längst liegt der Rote auf der Stelle. Der grüne Hut geht in die Luft, hab Dank, du Freibeutergeselle.

Nicht lange bleibt da Zeit zum Grübeln, denn neben „Piff" und neben „Paff" und manchem Hundelautgeklaff ertönt mit einem Mal recht leis ein Rascheln aus dem Büschekreis. Und wieder, wie beim ersten Mal, erscheint ein Fuchs auf diesem Pass. Jedoch, nur ist es dieses Mal ein mächtig-starker Räubermann, der da den Weg nach vorne nimmt. Noch von der Fähe streicht die Luft, ihn stoppt der stramme Todesduft, und wie er so nach vorne blickt, die Kugel ihn ins Kraut schon drückt. Ja, Waidmannsheil, und Waidmannsdank – das Jagen geht erfreulich an. Ob man vielleicht noch einen Dritten?

Es soll im Leben wie im Jagen doch niemand je zu viel sich wagen! Nach einer Weile kommt tatsächlich … ein dritter Fuchs, so ganz bedächtig. Er kommt von rechts den Hang hinauf, wartet am Rand achtsam darauf, dass sich die Luft voraus ihm kläre. Er steht ganz nah, vielleicht zu nahe. Der Fuchs benimmt sich vorsichtig, sehr schüchtern-schlau und auch bedacht, er schöpft Verdacht, wittert Verrat, ahnt allerschlimmste Niedertracht. Blitzeschnell dreht er sich rum, auf und davon von seiner Warte, zeigt nur zum Hohn noch die Standarte.

Der Schuss wär theoretisch leicht gewesen … Doch dieser vorsichtige Fuchs, der rettete nicht nur den Balg – ihm wird ein langes Leben sein. Die Herbstzeit ist Erntezeit und Balgzeit!

Und bald wird's wieder Winter sein, der weiße Leithund zeigt uns dann, was über Tag und unter Nacht so alles im Revier geschah. Da steigt der Jäger in den weißen Rock und pirscht auf den im roten, den schlauen Fuchs, den Meister Voss, den Räubermeister Reineke – vivat hoch, vulpes in eternam! Die Winterzeit ist Hochzeit und Balgzeit!

Dreieinigkeit

Fuchs, Bock, Sau … Bock!

Jagdherr Robert hat zur Jagd nach Schafshill geladen. Sein malerischer Beritt liegt im Naturpark Altmühltal, fernab touristischer Pfade. Obgleich auch in diesem Revier Erholungssuchende aller Couleur wagemutig auf Wald- und Feldwegen wandeln. Doch diese Wildentschlossenen sehen weder Wild und Tiere noch die wundersamen Dinge der Natur. Nicht einmal die kleinen Wunder am Wegesrande.

„Wie traurig, wie erbärmlich“, denke ich mitleidig. Mein Mitgefühl hält sich allerdings in Grenzen, als die fünfte Störung an diesem Juliabend in Form eines übergewichtigen Walkers auf dem Feldweg vorbeischnauft. Genervt verlasse ich die „Glaskanzel“ genannte Ansitzeinrichtung. Kein Wild wird im späten Licht austreten und sich unters eilende Volk mischen. Ich ärgere mich. Über mich. Es ist Sonntag. Und es musste so kommen, das zeigt die Erfahrung vergangener Jahre: Sonntagabends flaniert hier die Schafshiller Hautevolee –

ARD-Tatort hin oder her! Jedenfalls wird es hier am Abend nicht mehr mein Tatort werden …

Vor ein paar Tagen waren wir, von Austrias glücklichen Gestaden und der dortigen Fischwaid kommend, bei Robert und Renate eingefallen; und wie immer herzlich willkommen geheißen und fürstlich akkommodiert worden. Wir, das sind die Sprösslinge Maxi, Trissi, Vinni und meine Wenigkeit.

An Roberts Geburtstag, vor zwei Tagen war's, auf der Kanzel „Funkturm" war's, da legte ich Robert morgens in der Früh einen Überläuferkeiler auf die Schwarte. Dem Jagdherrn war das Geburtstagspräsent außerordentlich willkommen, denn er brauchte für den anstehenden Jägerempfang noch Schmaus. Groß die beiderseitige Freude, eigentlich die dreieinige Freude, denn Maxi hatte Sauen angekündigt.

Auf der „Himmelsleiter" am Stoppelacker gesessen, gegenüber der Ochsenwiese, standen plötzlich sieben Überläufer vor ihm in der Stoppel. Ausgerüstet mit nur einem Schonzeitgewehr für die Jungfuchsjagd, musste er sie ziehen lassen. Die Rotte verdrückte sich augenblicklich in den angrenzenden Weizenschlag, an dem meine Kanzel am jenseitigen Rand stand. Maxi machte per WhatsApp Meldung – Alarmstimmung bei mir!

Eine knappe Viertelstunde später rauschte es und Ähren wackelten in meine Richtung. Ich war bereit, der Bockbüchsdrilling lag an der Wange wie auf der Brüstung, als plötzlich zwei Sauen an der Ecke vom Feld auf dem Weg standen. Und genauso blitzschnell verschwanden sie. War es der Ostwind, meine Düse oder meine Fährte vom Angang?

Wieder steckte eine Sau den Wurf aus dem Weizen und schob sich auf den Weg! Überläuferkeiler! Dreißig Schritt nah! Das Zielkreuz stand im Leben, ich drückte ab und nix passierte! Ich Depp, in der gebotenen Eile hatte ich vergessen zu entsichern und einzustechen … Schnellstens beides nachgeholt. Das Stück stand immer noch da! Schuss!

Die Sau raste über den Weg in das anschließende Weizenfeld, rauschte im Bogen durch das Getreide, überfiel weiter oben den Weg retour in den ersten Weizenacker, dann herrschte schlagartig Ruhe! Alle anderen Sauen waren nach dem Schuss im Weizen abgetaucht, dahin, woher sie gekommen waren. Was nun? Sitzenbleiben!

Nach einer halben Stunde der Ewigkeit packte ich zusammen, ließ Rucksack und Geraffel zurück und ging, mit Waffe und Taschenleuchte bewaffnet, zum Anschuss. Die Leuchte brauchte es nicht, Lungenschweiß, mehr Lungenschweiß, überall Schweiß an den Ähren. Daher ging ich direkt zum Überwechsel, und an der Feldkante lag der Überläuferkeiler – Halali!

„Also", denke ich bei der Fahrt von der „Glaskanzel" zur Herberge, „dort werde ich morgen früh wieder ansitzen." Und gedacht, so getan. Maxi hockt einmal mehr auf seinem Lieblingssitz, der „Himmelsleiter". Am Vortage streckte er dort zwei Füchse. Doch bei ihm ist heute Morgen Totentanz, derweilen auf dem Stoppelacker rechts meiner offenen Kanzel Bock und Schmale sowie Hase und Jungfuchs promenieren. Das Füchslein hat erkennbar Räude, aber es ist zu weit für einen Schuss. Dann ist die Bühne leer.

Ich blatte. Auf den alten Spießer, der hier vor ein paar Tagen in Anblick kam, blatte und hoffe ich. Das war ein gewaltiger Anblick gewesen, da hatte eine reife, eine besondere Trophäe gelockt. Und wieder blase ich eine Blattstrophe in die Umgebung. Statt des erwünschten Recken schnürt eine Altfuchsfähe auf den Stoppelacker. Es ist sechs Uhr.

Die Fähe blickt einem hassenden Bussard und einer kiebigen Krähe nach, kratzt sich ausgiebig und flaniert weiter. Sie ist mehr als dreihundert Meter entfernt. Ich lege den Blatter zur Seite und locke mit der Vogelklage. Und tatsächlich, die Fähe steht geschwind zu. Sie sprintet über die Stoppel hangaufwärts in Richtung des sterbenden Vogels und verschwindet im Getreide. Ich halte Kontakt per Vogelklage und vermute, dass sie in der Schlepperspur im Weizen zum sterbenden Vogel schnüren will. Plötzlich zieht ein Bock rechts von der offenen Kanzel aus dem Hexenagger'schen Wald in den Weizen. Es ist sechs Uhr zehn, und auch er hat es eilig. Es ist nicht der alte Spießer, aber es ist ein guter, ein reifer Bock! Wo ist die Fähe? Zum Teufel noch mal, wenn man es nicht braucht, kommt das Wild in Scharen.

Der Bock steht jetzt in der Fahrspur, in der ich die Fähe erwarte. Er äst gierig von den Ähren. Der Drilling ist längst im Anschlag, aber es ist zu weit für einen sicheren Schuss, zu viel Getreide steht in der Hundert-Meter-Schusslinie. Plötzlich lugt der Rehbock hangabwärts in die Linie der Fahrspur, lauscht und windet aufmerksam. Kommt dort die Fähe heran? Seine und meine Sinne sind gespannt!

Ich bin im Anschlag und warte – Fuchs oder Bock?!? Eine Ewigkeit sichert der Bock, ohne sich zu rühren, noch nicht einmal sein

prall gefülltes Mahlwerk arbeitet. Nur seine Lauscher kreisen und machen Überstunden!

Endlich erwacht der Bock zum Leben und widmet sich erneut dem Weizen. Die Fähe hat sich wohl in die Büsche geschlagen, jedenfalls bekomme ich sie nicht mehr in Anblick. Also bleibe ich auf dem Bock, aber er müsste hangaufwärts zu mir ziehen oder hangabwärts in die Kurve der Schlepperspur, wo ich sein Blatt frei hätte. Stattdessen äst er seelenruhig an Ort und Stelle, sein Blatt sicher verdeckt und versteckt vom Meer der Halme!

Gerade will ich ihn mit dem Blatter anrühren, da vernehme ich hinter mir im Wald schweres Wild – eine oder mehrere Sauen rauschen durch den Blätterwald heran, Zweige knacken, dann Stille. Vorsichtig komme ich aus der Anschlagshaltung auf den Bock hoch, drehe mich behutsam nach hinten. Komme ich noch auf eine Sau zum Schuss?!? Erst Fuchs, dann Bock und jetzt Sau … Adrenalin pur!

Bevor ich mich jedoch ganz umgedreht habe, ertönt ein „Wuff" und das Schwarzwild rauscht von dannen! Schade! Fuchs fort, Wildsau weg, Bock bleibt. Also wieder auf den Bock, und der steht ungerührt im Weizen. Aber sein Blatt ist nach wie vor verdeckt!

Es ist jetzt sechs Uhr dreißig. Wieder will ich blatten, da tut der Bock unvermittelt ein paar Schritte nach Süden in die Kurve und steht blattbreit und blattfrei! Einhundert Meter entfernt ist er, besser wird's nimmer, und ich drücke ab. Den Schussknall hat er nicht mehr vernommen. Diana und Artemis sei Dank!

Hirschbrunft

Überraschung am Berg

Dann und wann hatte ich Hans nach der Möglichkeit gefragt, auf einen Berghirsch jagen zu dürfen. Nicht, dass ich gebettelt hätte. Nein, das liegt mir nicht, es wäre unwürdig für alle Beteiligten gewesen und so etwas tut man ohnehin nicht – schon gar nicht im Zusammenhang mit der Jagd. Dort mag es würdevoll zugehen. Aber im Laufe der Jahre hatte ich mich schon einige Male höflich erkundigt …

Wir stehen vor seinem Chalet in Krakaudorf, schauen vom Tal in den hohen Berg und in einen wolkenlosen Himmel. Das Wetter ist viel zu warm für die Jahreszeit. Und für die Hirschbrunft! Vom Süden, vom mittelländischen Meer, weht eine warme Brise hinein in Austrias glückliche Gestade, bis hier hinein in die obere Steiermark. Hans wiegt bedenklich seinen Kopf. Er ist nicht gerade glücklich gestimmt ob der Wetteraussichten, ich habe nur wenig Zeit mitgebracht, und wie er sagt: Heuer möge es passen, mit dem Hirsch.

Hirsch! Ich darf mit diesem Bergler, diesem steirischen Urgestein, diesem Ferrari del Monte, dem guten Freund und famosen Jäger Hans in den Berg steigen und auf den roten Hirschen jagen. Endlich! Aber es sind eben nur drei Tage im Gepäck. Das mag zeitlich genügen, wenn alles passt, das Wetter, die Brunft, der Hirsch, der Schuss – emotional ist es niemals genug an Zeit für das Waidwerk. Schon gar nicht für die Jagd im Gebirge.

Am Berg herrschen andere Gesetzte, so wie auf See! Hier wie dort bestimmt in erster Linie das Wetter, wie und ob was geht oder eben nicht geht. Drei Tage! Na ja, genauer gesagt, drei Tage und drei Nächte. Das klingt schon besser. Nichts verabscheue ich mehr, als unter Zeitdruck oder Stress auf die Jagd zu gehen. Dann lieber gar nicht. Es ist diese vielmals besungene Poesie der Jagd, dieser Zauber des Moments, wenn ich mit mir im Reinen und ich „draußen" bin, die Natur belausche, vielleicht Beute machen und ganz vielleicht sogar etwas Besonderes strecken darf. Diese Glücksmomente sind es, die für mannigfaltige Mühen und herbe Niederlagen auf der Jagd entlohnen.

Hans rät des Zeitmangels und des warmen Wetters wegen, auf der Almhütte zu logieren. Damit würden wir uns an jedem Jagdtag Anfahrt, Aufstieg, Abstieg und Rückfahrt sparen. Ich bin sehr einverstanden und insgeheim froh ob seines Vorschlages, auch wenn Lissi eine ausgesprochen feine Gastgeberin und Köchin ist. Seine Einwände, es sei aber recht karg „droben auf der Hütt'n", Vesper gäbe es nur vom offenen Feuer oder aus dem Rucksackl, Körperpflege nur in der kühlen Bergquelle, all das schiebe ich gern beiseite und entgegne fröhlich, das sei doch Lagerfeuerromantik und Jungbubentraum pur. Endlich grient auch Hans. Besser zu warmes Wetter als gar kein Wetter zum Jagern. Und augenzwinkernd schiebt er hinterher, Bier, Wein, Obstler und Tee seien immer auf der Hütte vorrätig. Quellwasser sowieso.

Also packen wir nur das Nötigste in unsere Rucksäcke. Die liebenswürdige Lissi versorgt uns mit allerlei Wurst und Speck, Bergkäse und Steinofenbrot, und als wir diese kulinarischen Köstlichkeiten verstauen und stopfen, schielt Trixi, die BGS-Hündin, mit schiefgelegtem Kopf und triefenden Lefzen in unsere prall gefüllten Rucksäcke, aus denen es so herzhaft duftet – sie wird wohl wissen, dass der eine oder andere Happen für sie abfallen mag.

Endlich sind wir marschfertig, ich schlüpfe noch kurz in Hans und Lissis schönes Haus, um die beachtlichen Geweihe, Gehörne und Krucken zu bewundern, und obwohl es dieser Erinnerung und Inspiration nicht bedurft hätte, so ist doch diese Trophäenbeschau immer wieder eine angenehme Gepflogenheit wie Respektsbezeugung gegenüber dem erlegten Wild und dem Erleger. Dann verabschieden wir uns von Lissi und auf geht's in den Berg.

Vor einer Woche hatte Hans mich angerufen und überrascht mit der Nachricht, dass ein reifer Hirsch in und um sein Bergrevier bestätigt sei und ihm zustünde. Soweit man Letzteres überhaupt behaupten könne. Und: Ob ich wolle?!

Eigentlich sollte heuer sein ältester Sohn Gerald, Berufsjäger und Forstwirt in einem großen Eigenjagdrevier eines steirischen Unternehmers, diesem Hirsch beim Herrn Papa nachstellen. Aber Sohnemann Gerald und dessen auch jagende Ehefrau hatten eine Kreuzfahrt im Mittelmeer gewonnen und waren kurzerhand gen Nizza entflogen – navigare necesse est! Wenn das mal nicht Ironie des Schicksals zu nennen war – hier verließ ein jagender Jungmann nebst charmanter Begleitung die heimatliche Bergwelt, um von Nizza aus in See zu stechen, dort verlässt ein jagender Nicht-mehr-ganz-so-Jungmann ohne charmante Begleitung das heimische Mare mediterraneum in Nizza, um im steirischen Gebirge zu jagen. Ein Drehbuch hätte es nicht besser kolportieren können. Denn freilich wollte ich! Dass ich überhaupt das Schiff verlassen konnte, lag an dem glücklichen Umstand einer längeren Hafenliegezeit, was ja andererseits unter seefahrenden Bedingungen eher nicht möglich gewesen wäre.

Hans hatte also angerufen und dieses famose Angebot unterbreitet, mit ihm als Jagdführer der Brunftjagd auf den roten Hirsch zu frönen – wie um Himmels willen in aller Welt hätte ich da „Nein" sagen können?!

Himmel und Hölle brachte ich in kürzester Zeit auf Tour, um auf Jagdtour gehen zu können. Ein „Relief Captain" wurde gefunden, für gut befunden und approbiert. Aber ich hatte nur fünf Werktage bestellen können, zwei wertvolle Tage gingen dem Waidwerk für An- und Abreise verloren, es blieben demnach nur drei Tage zur Jagd. Aber was für Tage – prächtige Tage der Jagd in bester Gesellschaft und in den wahrlich prachtvollen Bergen der Steiermark! Jägerherz, was willst du mehr. Die noch bessere Nachricht war, dass wir von Hansens Haus noch am Anreisetag auf die Alm zur Hütte gelangen würden – nicht magere drei Tage im Berg, sondern volle drei Jagdtage im Revier!

Hans hat das Auto abgestellt und wir sind am ersten Bergabschnitt, wo sich der Weg entlang der Etrach noch gemächlich durch Wiesen und Almen emporschlängelt. Links und rechts des Tals türmen sich die Zweitausender auf. Ich blicke nach rechts, wir passieren gerade eine alte „Rodung", mächtige Baumstümpfe stehen im Gras wie Zeugen einer vergangenen Zeit.

Hans erklärt mir, dass hier eine Lawine vor Jahren heruntergekommen sei und den Zirben-Lärchenwald weitgehend plattgemacht hätte. Wie durch ein Wunder sei der Bergbauernhof, auf der linken Seite vom Weg gelegen, verschont geblieben. Selbst dieses mächtige Haus hätte wohl der zerstörerischen Wucht der Lawine nicht standgehalten, aber der Bergwald, der dort nun nicht mehr ist, hatte das Gehöft gerettet.

Ich liebe diese weiß gekalkten, aus dunkel gebeiztem Zirbenholz gezimmerten, gepflegten Höfe, rotbunte Geranien zieren alle Fenster und Balkone – eine Augenweide! Auf den Weiden rund um die Hofstelle steht braunes Fleckvieh, die Glocken der Rinder bimmeln „dingedong". Fröhlich singe ich den Schlager aus den Fünfzigern: „Dongdingedongdingedong, so läuten auf der Alm die Küh', dongdingedongdingedong, mit ihren Glocken in der Früh, dongdingedongdingedong, so läutet's von nah und auch von fern, dongdingedongdingedong, das haben selbst die Kühe gern; und die Sennerin jodelt dazu jodeldadeldüdeldü jodeldadeldü …".

Hans schaut mich belustigt an, Trixi hält den Kopf ganz schief, aber bei Hans bin ich mir nicht sicher, ob er nicht tatsächlich denkt, ich hätte nicht mehr alle Glocken im Stall. Leider gibt es keine schöne Sennerin zu sehen. Aber spätestens jetzt bin ich wirklich in der Bergwelt angekommen.

Anders als in dem Schlager ist es beileibe nicht mehr früh – die Sonne brennt unbarmherzig vom Firmament. Obwohl wir gleichmäßig langsamen Schrittes unter der Last des Gepäcks marschieren und angemessen leicht bekleidet sind, schwitzen wir dennoch. Da kommt eine Rast im Schatten einer Lärche ganz recht. Wir hocken uns auf die rohe Bank, gütig schaut die allgegenwärtige Figur der Jungfrau Maria mit Jesukind auf uns Wanderer herab. Trixi hat Weltlicheres im Sinn – gierig schöpft sie das kühle Nass im Bächlein, wir machen es ihr nach.

Der Weg wird jetzt recht schmal, wie auch das Tal enger wird. Oben im Blau fliegen Kolkraben und Alpendohlen, einige Tannenhäher machen wir in den Föhren aus. Ganz hoch droben über der Waldgrenze sieht Hans ein paar Gams. Wie er das schafft, ist mir ein Rätsel, dabei bilde ich mir einiges auf meinen Gesichtssinn ein.

Das Scharwild döst oder äst auf den Matten, da oben scheint ein kühlender Wind zu gehen. Den könnten wir hier unten auch gebrauchen, nur ab und an streicht ein Hauch durchs Tal, wo ansonsten die Hitze steht und die Luft flimmern macht.

Langsam nimmt der Pfad an Steigung auf. Wir haben die Höfe und Weiden verlassen, nur noch einzelne Schutzhütten begleiten unsere Steige, das Bächlein ist zu einem Rinnsal geworden. Auch Trixi spürt die Hitze, sie eilt uns meist voraus und wartet unter Schatten spendenden Büschen, dass wir zu ihr aufschließen, dann wartet sie noch ein Weilchen, bis wir voraus sind und sprintet dann an uns vorbei zum nächsten Schatten – sehr ökonomisch! Sie macht uns lachen. Ökonomisch steigen auch wir auf, denn mittlerweile windet sich der Pfad in engen und steilen Serpentinen durch den Bergwald. Kiefern, Lärchen und Tannen lindern die Pein des Sonnenscheins, dafür nimmt die Steigung stetig zu. Klettern oder Kraxeln müssen wir gottlob nicht, das käme aber noch, versichert mir Hans.

Mit einem Male, Trixi vorneweg, dann Hans, dann ich, steht Trixi vor, sie sichert nach vorn, ihre Körpersprache ist hier im Wald ganz anders als zuvor im heißen Tal, sie ist sehr konzentriert, fokussiert. Ich kann nicht den Grund für ihr gespanntes Verhalten erkennen, da blitzt es rot zwischen den Stämmen. Ein Reh springt bergan und verhofft ein paar Meter weiter, halb verdeckt im tiefen Heidelbeerkraut. Längst sind die Gläser an den Augen. Donnerwetter! Da steht ein Bild von einem Bock: knallrot im Haar, dunkle und mächtig dicklange Stangen auf dem Schädel, blitzeblanke Enden! Das ist ein wahrer Grandseigneur, ein Grantler! Und seine Gesichtsmaske ist nicht nur mürrisch im Ausdruck, sie ist auch ganz grau in der Farbe. Viel Zeit zur Bewunderung lässt er uns nicht, der Alte bölkt, springt ab und empfiehlt sich hinter einem Fels.

War das ein Bock! So einen kapitalen Bock hätte der Franz vor zwei Jahren erlegt, spricht Hans und nickt anerkennend, und ich erinnere mich nur zu gut daran. Anlässlich unserer gemeinsamen Gamsjagd mit Tom und Hans und Franz, zeigte Letzterer uns die stolze Trophäe: ein edel geformtes Gehörn in vollendeter Eleganz, lange geschwungene Stangen auf dicken Dachrosen, reichlich bizarr geperlt die Stangenbasis, dunkelbraun, fast schwarz, und die nicht enden wollenden Enden, fast elfenbeinfarbig, etwas hell zartbraun und nadelspitz zulaufend – alle Wetter! Waidmannsheil, lieber Franz!

Weiter geht es, und der Pfad wird steiler. Jetzt kommt die Kraxelei, mühsam geht es von Stufe zu Stufe, über Stock und Stein, durch kniehohes, zäh-strunkiges Heidelbeerkraut. Der Bergstock macht sich reichlich nützlich. Es ist eine schweißtreibende Angelegenheit und macht die Oberschenkel brennen!

Aber dann: Der Bergwald lichtet sich, vor uns entfaltet sich ein grandioses Alpenpanorama: ein Hochplateau, die Alm. Atemlos bleiben wir stehen, der Anstrengung wegen und des Ausblicks wegen. Erst mal Pause machen, die Rucksäcke und anderes Geraffel ablegen, durchatmen und genießen! Die Alm, umrahmt von Bergwald, und im Hintergrund, majestätisch staffiert, die Gipfel der Berge! Ein Postkartenblick! Fast ein Klischee, möchte man meinen und beinahe zu kitschig, um wahr zu sei. Aber es ist, Gott sei es gedankt, steiermärkische Wirklichkeit und Wahrheit.

Die Alm fällt ab in eine Senke, unten, am tiefsten Punkt, ist ein kleiner Bergsee, gespeist von einem Rinnsal. Das Türkis des Weihers strahlt mit dem Blau des Himmels um die Wette inmitten all des Grüns der Wiese. Wo das Wasser in den See gelangt, mischt sich ockergelber Ton in das Türkis. Auf der Weide locken vielbunte Tupfer von Blumen und Blüten Heerscharen von Schmetterlingen an, die gaukelnd von Blumenkelch zu Blumenkelch flattern.

Ich spekuliere mit dem Glas: Oben am Waldrand, auf einer schmalen Terrasse, steht unser Domizil, windschief aber festgemauert in der Erden, das Ziel unserer Wanderung: die Almhütte. Und wie ein freundlich-lockender Gruß prangt ein verwittertes Geweih vom Hirsch am Giebel! Neben der Hütte sprudelt ein Rinnsal aus dem Fels, rinnt durch die Almweide, um in der Senke den Weiher zu speisen. Die Altvorderen wussten schon, wo ihre Notunterkünfte zweckmäßig zu platzieren! An der Almhütte ist ein Wassertrog, ein ausgehauener Föhrenstamm als Brunnenersatz, vor der Behausung steht ein schwerer Tisch nebst Bank und daneben ein kleines Rund aus Fels gemauert, darüber ein eiserner Schwenkgrill. Ein Paradies auf Erden!

Auf seinen Bergstock gestützt erklärt Hans leise, dass diese Alm trotz der Hütte eines der Hauptbrunftplätze der Hirsche sei. Daher auch die Schirme am Waldrand. Tatsächlich steht ein Schirm nicht weit von uns entfernt – roh gezimmert aus Lärchenholz, aber fürwahr praktisch und bequem und allemal für uns drei ausreichend, Trixi inbegriffen!

Die blickt mit krauser Stirn zu ihrem Herrn, als wolle sie wissen, worauf er denn noch warte. Aber Hans macht keine Anstalten aufzubrechen und deutet erst noch auf einen faszinierenden Blickfang. Etwa inmitten der Alm, aber näher zu unserem Standort am Waldrand, steht eine mächtige, prächtige Zirbelkiefer auf einem Felsplateau, ein hoher Solitär, wo die Alm eine steile Stufe hat. Für den hiesigen Schirm gäbe es noch einen weiteren Belang. Dort in der hohen Zirbe balze der Auerhahn beizeiten. Vor meinem geistigen Auge erscheint der Große Hahn, wie er hoch in der Zirbe seine Balzarie mit gespreiztem Stingel und testosterongeschwängertem Haupte singt und schleift. Dann reitet der Urhahn ab, setzt seine Balz am Boden fort, trippelnd und schlagend und kollernd und wetzend. Gerne würde ich einmal …

Hans stößt mich sachte an und holt mich in das Hier zurück – für einen Augenblick, nur einen ganz kurzen Augenblick, war der

Hirsch gedanklich verdrängt. Hans bringt ihn mir grienend zurück: Hirsch? Oder Hahn? Nein, Hirsch! Und dann klauben wir die schweren Bergrucksäcke auf und machen voran, steigen die letzten paar Hundert Meter den steilen Schleichpfad zur Hütte auf. Unterwegs passieren wir in der Wiese ein paar kleinere Felsbrocken. Sie erinnern mich an einen anderen Bergbewohner – das Murmeltier. Und dabei fällt mir eine lustige Begegnung ein, die vor etlichen Jahren passierte.

Es war in den französischen Seealpen anfangs der 1990er-Jahre, da wanderten meine spätere Frau Corinne und ich durch den Parc national du Mercantour. Im Bereich des Vallée des Merveilles stiegen wir auf eine Hochalm, von der wir einen weiten Blick hinab in eine Senke hatten, ganz ähnlich der schönen Aussicht des heutigen Tages in der Steiermark. Wir berauschten uns an dem schönen Bild, das sich vor uns auftat und bewunderten die sehr zahlreichen kleinen und größeren Felsbrocken, die da im Gras und Kraut der Almenmatte lagen.

Die meisten der kleineren Brocken bewegten sich plötzlich, während die größeren Steine allesamt liegen blieben. Verdutzt schauten wir uns an und genauer hin, mit dem Fernglas erkennend, dass die kleineren, beweglichen Felsbrocken ganz behände im Grase tobten – Murmeltiere! Es war das erste Mal, dass ich Murmel in freier Wildbahn sah.

Die Murmel waren sehr aufmerksam, missfiel ihnen irgendetwas, verschwanden alle auf ein Zeichen oder Pfiff in ihren Erdlöchern. Nach einer geraumen Zeit kam ein Kopf nach dem anderen wieder zum Vorschein. Die Murmeltiere lugten in den Himmel, um sich zu vergewissern, dass auch nicht ihr Erzfeind, der Steinadler, von hoher Warte herangesaust kam. Wenn sie sich sicher fühlten, kamen sie auch ganz heraus und tollten oder fraßen im Gras.

Wir machten uns dann einen Spaß daraus, den Adler zu mimen – Arme ausgebreitet, geschwenkt, und husch verschwand die Korona unter der Erde. Vorsichtig kamen sie nach einer Weile hervor, tollten im Gras, wir breiteten und schwenkten die Arme aus, und husch ging das Spiel von vorne los … Das ging so einige Male hin und her, bis es beiden Seiten zu dumm wurde. Einige Murmel kamen gar nicht mehr aus dem Bau, andere blieben stur sitzen und ignorierten uns fortan. Ein echter Adler kam gerade nicht vorbei, um uns und den Murmeltieren zu zeigen, wie es richtig funktionierte …

Köstlicher Bratenduft weckt mich aus wirren Träumen von Hirschen, Adlern, Murmeln und Urhahnen. Hans bereitet auf dem Schwenkgrill leckere Wildwürstchen zu. Es dämmert bereits. Ich sei in der Nachmittagshitze, nachdem wir uns in der Hütte eingerichtet hatten, auf dem Bankerl vor der Hütt'n eingedöst, während er das Fleisch vorbereitet und Bier in die Quelle kalt gelegt habe, wie er schmunzelnd sagt.

Hans deutet mit der Grillzange in die Senke, zum Waldrand, Trixi tut es ihm mit ihrer Nase gleich. Da muss ja wohl was sein. Ächzend, weil noch ganz schlaftrunken, erhebe ich meinen Wanst vom Lager und bewege mich zu den beiden, schaue in die angedeutete Richtung. Etwas Dunst wabert dort, und ich spüre jetzt die deutlich kühlere Luft. Aber was ist nur? Nichts kann ich erkennen, ausmachen, nur meine „Murmeltiere" nehme ich hie und da im Gras wahr und nach rechts die stolze Zirbe. Und dann sehe ich das Rotwild! Ich bin knallwach!

Tatsächlich, ein, zwei, drei, vier Stücke stehen links unten vor dem Waldrand und äsen. Es seien zwei Alttiere, ein Schmaltier und ein Kalb, raunt mir Hans zu. Und dass sie uns aufgrund der Steilstufe inmitten der Alm nicht erblicken könnten. Das also ist das Geheimnis der friedlichen Koexistenz! Ohne Feldstecher kann ich auf die Distanz nichts bestätigen, aber es gibt auch keinen Grund, an der Mitteilung des Freundes zu zweifeln. Ich hole mein Glas, kann mich gar nicht satt sehen an dem aufregenden Bild.

Hans seinerseits ist ganz zuversichtlich, denn in der Höhe ist es dann doch deutlich kühler geworden als ursprünglich angenommen. Wir würden während des Speisens Hirsche verhören, so sie denn riefen, meint er. Da mein Magen und meine Eingeweide röhren wie ein Hirsch und ich bei dem eigenen Magenknurrren keinen Hirsch vernehmen würde, bin ich mehr als einverstanden! Es ist auch ein langer Anreisetag für mich, um zwei Uhr morgens war in Nizza die Nachtruhe zu Ende gegangen. Aber der wenn auch wilde Schlummer hat meine Lebensgeister vorerst wieder erweckt.

Mittlerweile flimmern die Sterne am Firmament, die Mondsichel schickt ihr mageres Licht herab, wir hocken uns vor der Hütte an den Tisch und genießen Speis' und Trank und die Stimmen der Nacht. Fledermäuse huschen über unsere Köpfe hinweg, geschickt jagen sie Nachtfalter und Insekten, vom Forst her ruft der Waldkauz sein Lied. Nur die Hirsche hören wir nicht schreien.

Dunst wabert über Kraut und Gras, zieht zu, reißt auf, mal kommt ein kalter Hauch, dann wieder wird es warm, vom Felsrund leuchtet der rote Schein der Glut. Es ist heimelig hier heroben. Trixi, nachdem sie einige Happen der leckeren Rehwurst verspeist hat – sie frisst nicht, sie speist, nie habe ich sie schlingen sehen, sie ist eben eine feine Dame – hat sich eingerollt auf ihrer Decke. Ab und an zuckt sie im Schlaf, hebt dann und wann ihr Haupt, blickt zu Hans oder in die Senke, schnuppert in der Luft. Aber immer noch ist kein Hirschruf zu vernehmen, kein Röhren, kein Knören, kein Sprengruf, kein wütendes Schlagen der Geweihe im Gebüsch, kein Klappern von Stangen und Trampeln von Schalen.

Gelegentlich meinen wir, das Rupfen des äsenden Kahlwildes zu hören – die Stille am Berg macht's möglich. Nur noch manchmal und dann sehr schemenhaft sind die Wildkörper zu erkennen. Das liegt einerseits am mageren Licht, auch wenn der Dunst als Restlichtverstärker wirkt, andererseits aber an meinen schwerer werdenden Augenlidern. Hans schlägt vor, wir sollten uns etwas Ruhe gönnen und früh am Morgen mit frischen Sinnen und Kräften zum Jagern ziehen – ich bin mehr als einverstanden, habe ich doch Sorge, dass meine Augendeckel mit Gepolter runterfallen würden und das Getöse alles Getier in die Flucht schlagen würde. Und dann bin ich ruckzuck weg, eingemummelt in meiner Schlafstätte – Hirsche jagen im Geiste …

Am nächsten Morgen weckt mich Trixis feuchte Nase, dann schleckt sie mit ihrer nassen Zunge über mein Gesicht: Küsschen geben! Das hat sie sonst noch nie gemacht! Im Nu bin ich wach, springe vom Nachtlager, wünsche Hans und Trixi einen guten Morgen, während Hans wuselig Tee kocht und Zwieback bereitet. Ich solle mich sputen und wir sollten bald los, die Hirsche seien unterwegs.

Als ich im Stockfinstern an der Quelle meine Katzenwäsche mache, wird diese kurzerhand zur Kätzchenwäsche, denn unten schreien und orgeln die Hirsche. Gewaltig hallt der Hirschruf zurück vom Berg. So schnell bin ich noch nie fertig geworden, Tee und Zwieback werden runtergestürzt, runtergewürgt, und auch Hans ist von einer sonst ganz unbekannten Unruhe und Hast erfüllt. Merkwürdig – muss wohl an der Temperaturänderung liegen. Also raus und los geht's.

Fast blind haste ich in der Dunkelheit hinter Hans und Trixi her, die den Trampelpfad im Stechschritt nehmen, dabei leuchtet Hans mit seiner Taschenleuchte nach unten, damit ich den Boden sehen und mit ihm mithalten kann. Auch das ist für mich neu. So kenne ich Hans gar nicht. Nicht die Marschgeschwindigkeit, nein, das Ausleuchten des Bodens. Ungewöhnliche Umstände fordern wohl ungewöhnliche Maßnahmen. Und dann sind wir an einem der Erdsitze angelangt, ohne wirklich je gepirscht und die Hirsche verhört zu haben. Einfach so sind wir hingelaufen, ich wundere mich, aber Hans wird schon wissen, was er macht. Ich solle laden, und ich tue wie mir geheißen wird und will die Kipplaufbüchse in die Ecke stellen, da raunt Hans, ich solle sogleich das Stück links ins Visier nehmen, dass sei der passende Hirsch und ich solle mich beeilen.

Im ersten Morgendämmer nehme ich das Stück ins Zielfernrohr, deutlich nehme ich den Atemdunst des Hirsches wahr, als er orgelnd sein Brunftgeschrei ertönen lässt. In der Stille schallt der Ruf wie Donnerhall … Ich solle nicht auf die anderen Stücke achten, es passe schon, mahnt Hans, und ich solle endlich schießen. Mir ist ganz unwohl bei der Hast, aber Hans wird schon wissen, warum er so einen Druck macht.

Donnernd kracht der Schuss, der Hirsch verschwindet im Feuerball. Aber Hans haut mir kräftig auf die Schulter, schüttelt mich und wünscht mir Waidmannsheil, der Hirsch liege … Wir eilen über die Wiese zum Anschuss, die letzten Stücke des Rudels springen ab ins Holz, aber wir finden nichts! Nichts! Da ist kein Hirsch, kein Schweiß, rein gar nichts. Trixi zeigt überhaupt kein Interesse, ich starre vor mich hin, ungläubig, Hans schüttelt wieder meine Schulter und fragt mich verärgert, wohin ich denn geschossen hätte …

Da höre ich, wie aus der Ferne jemand meinen Namen ruft, meine Schulter schüttelt. Es ist tatsächlich Hans. Aber diesmal rüttelt er wirklich meine Schulter. Langsam wache ich auf und blicke traumgebeutelt in Hans' Gesicht. Schmunzelnd meint er, ob Heiko denn nicht aufstehen und Hirsche jagen wolle. Ich reibe mir die verklebten Augen, Gott sei Dank, alles nur geträumt – Hans ist Hans und von Hast keine Spur. Aber tatsächlich steht das Frühstück fertig auf dem Tisch am Fenster, im Ofen knistert ein Feuer, darauf dampft der Wasserkessel und in der Pfanne brutzelt Speck. Doch, wolle er, versichere ich ihm und mir, greife meine Zahnbürste und Paste und bin auf dem Weg nach draußen zur Morgentoilette. Dabei stößt mich Trixi mit ihrer feuchten Nase an. Liebevoll tätschele ich ihren Schädel, knete die weichsten Behänge der Welt – genüsslich lässt sie das Ritual zu.

Draußen ist es nachtschwarz und kühl! Im Osten zeigt der Himmel einen hellen Streifen, von den Hirschen ist nichts zu hören. Schnell ist die Toilette erledigt, wir mampfen Steinofenbrot mit Speck, harten Käse und trinken dampfenden Kräutertee. Es geht los! Endlich! Vor der Tür glasen wir die Alm ab. Kein Stück ist zu sehen, aber das heiße nichts, versichert Hans. Der Windhauch geht in die Senke, wir umschlagen diese auf dem Pfad im Unterholz.

Langsam pirschen wir voran, bloß keinen Lärm machen, aber wir haben alle Zeit der Welt. Immer wieder bleiben wir stehen, verhören, glasen die Matte und vor allem die Senke ab, dort, wo Lücken im Buschwerk Einblick erlauben. Still ist es um uns herum, nur gelegentlich raschelt und huscht etwas im Heidelbeerkraut. Dann blickt Trixi interessiert hinterdrein, bis Hans sie leise wieder zu sich ruft.

Schließlich erreichen wir den Schirm. Wegen des ins Tal streichenden Luftzuges und der vermuteten Austrittsstelle des Rotwildes können wir heute nur hier sitzen, obwohl das Licht des Osthimmels uns ins Gesicht scheinen wird. Aber der Wald und die Steigung wie der dahinter liegende Bergkamm werden die aufgehende Sonne lange decken. Alles ist bereit, Hans, Heiko und Trixi, die Kipplaufbüchse geladen in der Ecke. Hans legt sein Rufhorn parat. Dann heißt das Spiel Warten. Warten auf Rot, nicht auf Godot – denn der kommt ja bekanntlich nicht, und das wollen wir uns von Rot nicht antun lassen …

In der Senke wabert milchiger Dunst. Langsam wird es heller. Das Morgenlicht färbt die Bergspitzen pinkzartrosa, der Himmel verfärbt von Schwarz in lilafarbenes Blau, die Sterne verblassen. Erste Kolkraben krächzen monoton ihr Lied, hinter uns rätscht erst ein Eichelhäher, dann musizieren zwei, und mehrere Tannenhäher fallen schimpfend mit ein. Das Wachbataillon ist auf der Hut! Noch ist die Alm grau in grau.

Irgendetwas gehe hier vor, flüstert dann Hans. Ich bin so gespannt, ganz angespannt, suche im Grau des Morgendunstes nach einem roten Fleck. Nichts gibt mein Glas her. Plötzlich wittert Trixi aufmerksam nach vorn, ihre Nase ist hoch im Wind. Unverwandt blickt sie zur Senke, obwohl sie von ihrer Position am Boden nichts sehen kann. Aber ihre Nase kann „sehen", und ihre Behänge zucken leicht, so als wolle sie diese aufstellen und das Wild verhören.

Mit den Gläsern folgen wir der von Trixi angezeigten Richtung. Aber da ist nichts! Ich sehe nur Grau, milchige Schwaden von Bodendunst, dahinter dunkler Forst. Oben schimpft eine Amsel, die Häher rätschen. Vielleicht meckern die nur unsertwegen?! Sachte zieht der Nebelschleier Pirouetten am Boden, lüftet sein Kleid, hebt es an, verbirgt den Bühnenboden, um im nächsten Moment wieder die Hüllen fallen zu lassen und am Boden zu liegen, einer weißen Decke gleich. Trixi ist immer noch gespannt, starrt immer noch zur Senke, da stößt Hans mir seinen Ellenbogen in den Wanst und nickt nach rechts vorn.

Potzblitz! Ein roter Fleck im weißen Bühnennebel. Und dann zwei, drei, vier – die Bühne belebt sich, es ist die Entourage von gestern Abend. Langsam ziehen die Stücke aus dem Bergwald in die Senke, es sieht aus, als schwebten sie dahin, der Bodennebel verschluckt ihre Läufe bis zum Rumpf. Trixi quiemt ganz leise, aber Hans macht sie verstummen mit einem sanften Schubs. Auch die Vögel gewöhnen sich an die roten Schiffe, die da im weißen Meer herangesegelt kommen, das Gezeter verstummt. Das Kahlwild ist recht arg weit und zudem jetzt verdeckt vom Felsblock in der Stufe.

Hans will zur Zirbe pirschen, das Rudel würde dort in Deckung stehen und der Wind bald bergan ziehen, da sich das Gebirg im Sonnenschein erwärmen würde – günstig für uns Jager.

Geduckt schleichen wir in der Deckung des Geländes los, sehen können weder wir das Rotwild, noch das Rotwild uns eräugen, dank der Zirbe am Felsen. Halben Wegs sind unsere Bergstiefel und Hosenbeine klitschnass vom hohen, taunassen Gras, wir halten kurz inne, denn Trixi, die Nässe und Kälte überhaupt nicht mag, bleibt hinter Hans in seiner Pirschspur stehen und schüttelt ihr Fell. Dabei klatschen ihre langen Behänge um ihr Haupt, und trotzdem hören wir es: ein Hirschruf – leise, aber deutlich!

Jetzt äugt auch Trixi aufmerksam in Richtung Senke. Das lästige Wasser ist ihr einerlei, gespannt windet sie mit hoher Nase. Unwillkürlich hocken wir uns ins Gras, obwohl es dafür keinen triftigen Grund gibt, sind wir doch gut gedeckt von Fels und Zirbe. Trixi und ich zittern um die Wette, aber Hans bedeutet, dass wir schnellstens zum Versteck schleichen sollten. Das hilft!

In niederster Gangart geht es weiter. Noch ein Knören hören wir, und dann sind wir auch schon hinter dem Fels angelangt. Hoch ragt die Zirbe über uns, aber ich hab jetzt so gar kein Auge für den knorrig-schönen Baum. Jetzt geht es nur darum, die flatternden Nerven zu beruhigen und den nächsten Schritt zu planen. Hans plant für mich, er zieht mich geduckt hinter sich her, rauf zum Felsen, und für mich ganz unerwartet ist der Platz unter der Zirbe am Felsen ein geeignetes Versteck. Was ich vorher nicht sehen konnte und nicht wusste – an der Zirbe stehen kleinere Büsche von Föhren neben kleinen Felsblöcken, von denen es gut versteckt einen hervorragenden Ausblick in die Senke gibt.

Hans schiebt mich an meinen von ihm vorgesehenen Platz hinter einen Felsblock, und durch eine kleine Lücke im Busch kann ich das Rotwild sehen. Derweil Hans neben mir spekuliert und beobachtet. Das Alttier sichert aufmerksam in unsere Richtung – oh, oh, oh, dann in Richtung Wald, dorthin, wo das Wild vorhin austrat. Tatsächlich, nach einem kurzen Moment teilt sich der Busch und ein Stück sichert, noch halb im Holz, aufmerksam zur Matte und zum Rudel! Dann zieht es hinaus, es ist ein Schmaltier, es sichert erneut, während in dessen Kiellinie zwei weitere Stücke, ohne zu sichern, auf die Weide ziehen: Ein geringer Schmalspießer und ein vielleicht Dreijähriger! Alle drei schließen zum Kahlwild auf. Das Alttier aber äugt unverwandt zum Waldrand!

Aus dem Augenwinkel sehe ich, wie Hans nach seinem Hirschruf langt. Vorsichtshalber und vorsichtig lege ich meinen Bergrucksack auf dem Fels zurecht, bette meine Kipplaufbüchse darauf und lege mich zurecht. In dem Kraut gibt es weichen, aber guten Halt. Im Nu bin ich von unten bis oben klitschnass – egal! Trixi, die zwischen uns steht, zittert unentwegt, ist aber aufmerksam und gespannt und macht keinen Pieps! Auch sie schaut unverwandt zum Waldrand in der Senke. Dann zum Rudel und wieder zum Waldrand.

Und nun geschieht etwas, was eigentlich jeglicher Beschreibung eines einigermaßen seriösen Vorgangs der heiligen Jagd auf den Hirschen widerspricht, ja geradezu spottlachend erscheinen mag! Hans hat mittlerweile seinen Hirschruf an die Lippen gesetzt. Es ist, wie mir scheint, das ordinäre Horn einer Kuh, nicht etwa das lang geschwungene und ebenso elegant gedrehte wie schön marmorierte Horn eines Puszta-Bullen oder wenigstens Ochsen oder etwas ähnlich Anmutendes und Anmutiges– nein, das kleine, stumpf-kurze und graue Horn einer gewöhnlichen Kuh. Bevor er den ersten Ton herausbringt, gehen mir in Bruchteilen einer Sekunde alberne Erinnerungen an eine ganz ähnliche Begebenheit durch den Kopf.

Damals, in Polen, hatte der ebenfalls sehr erfahrene polnische Förster mit großer Kunst aus seinen Fäusten, also ohne jegliche Hilfsmittel, einen Hirschen angeschrien. Trotz aller objektiven

Kunst und musikalisch-trefflichen Vorstellung des Försters unter Zuhilfenahme des händischen Schalltrichters, dessen Töne schließlich auch den Hirsch zustehen ließen, war es mir völlig respektlos dennoch erschienen, als wäre das letzte Mahl des Förster sein allerletztes Mahl gewesen, und als lasse er unter größter Pein seiner gebeutelten Peristaltik Töne urweltlicher Gattung heraus, bevor er sich die zweifelsohne vergifteten Speisen nochmal durch den Kopf gehen lassen musste. Mein völlig deplatzierter, nur halbwegs unterdrückter Lachkrampf hatte nicht lange auf sich warten lassen, und der arme Förster, ein Könner seines Fachs, hatte mich scheinbar unverschämten Lümmel vollkommen irritiert und zurecht maßregelnd angeschaut.

Ebenso ergeht es mir jetzt – ich liege mittlerweile klitschnass und zitternd vor Aufregung in der schönsten steiermärkischen Bergwelt, habe Rotwild im Anblick, warte auf den zustehenden Hirschen größter Begehr, habe einen großartigen Könner und Gönner neben mir mit seiner erstklassigen Hündin, der Freund will mir mit seiner Kunst des Hirschrufens den reifen Hirsch heranzaubern, und ich, ich Depp, liege da im Kraut und giggele wie ein alberner Pennäler, nein pruste bebend, wenn auch einigermaßen leise, weil lippenbeißend, scheinbar ungeniert vor mich hin. Die Tränen laufen mir die Wangen hinunter, mein Bauch tut mir vom Lachen weh! Die Welt kann recht unbarmherzig sein. Derweil Hans seinem unscheinbaren Instrument die tollsten Töne entlockt, er schreit, er orgelt, er sprengt, er knört, er trenzt.

Endlich bin auch ich wieder bei Sinnen, Hans schielt kopfschüttelnd zu mir rüber, doch ich meine, ich hoffe, ein winziges Schmunzeln um seinen Mund spielen zu sehen. Aber ich habe keine Zeit zur Analyse, denn Alttier und Rudel sichern aufmerksam zu unserem Versteck. Die Alte macht zwei, drei Schritte vor! Plötzlich äugt sie zum Waldrand, und Trixi, keulensitzend zwischen uns, erhebt sich in größter Anspannung und quiemt leise, ganz leise! Das ist bei ihr ein veritables Alarmzeichen.

Hans entlockt seinem Hirschruf einen orgelnden Schrei. Diesmal bleibe ich fokussiert, konzentriert, ernsthaft. Am Waldrand ist nichts zu sehen, aber wir vernehmen, wie ein wütender Berserker ein Holz malträtiert. Und jetzt wackelt der vorderste Busch so wild, als ob der Föhn der Alpen allein ihn gewaltig träfe. Ich kann immer noch keinen Wildkörper erkennen. Hans schaut durchs Glas, ich tue es ihm nach.

Und dann teilt sich der Busch, und heraus auf die Bühne tritt der König der Bergwälder – ein Hirsch! Er röhrt. Nein, er orgelt. Der Dunst seines Atems steht wie eine Fahne in der Luft. Es ist atemberaubend. Mir schlägt das Herz bis zum Hals und meine Aufregung macht die Okulare des Fernglases beschlagen. Eilig befreie ich die Linsen von der hindernden Feuchte, keine Sekunde will ich verlieren, betrachte den Hirsch.

Hoch hat er auf, die Masse sitzt mehr oben zu den Kronen hin, er hat zwölf leuchtende Enden im herrlichen Kontrast zu den dunklen Stangen. Grasbüschel und Zweige hängen wie eine Häuptlingshaube in seiner Haupteszier. Aber es ist nicht der Häuptling! Hans raunt mir zu, es sei ein guter Zukünftiger vom achten Kopf, nicht älter, und nicht der Gesuchte!

Mittlerweile ist der Hirsch heran zum Rudel und bringt erst einmal den Beihirsch gehörig auf Trab. Ab geht der Beihirsch ins Holz, der Zwölfer trenzend hinterdrein, dann dreht er wieder ab zu seinem Rudel. Herrlich nah können wir das wilde Treiben beobachten. Nervosität macht sich im Rudel breit, der Hirsch mischt alle auf. Aber Hans meint, wir sollten uns lieber zurückziehen, denn bald würde auch das Rudel zu Holze ziehen. Die Sonne kommt über den Bergkamm, und er will meine Chance auf den gesuchten Alten nicht verderben.

Erst als wir uns behutsam zurückziehen, bemerke ich die aufkommende Hitze – in der Aufregung habe ich nichts gespürt, nur Jagdfieber. Wir schleichen zurück zum Wald der Stufe entlang und sind so gut gedeckt, dass uns das Rudel nicht eräugen kann. Und der Wind zieht hangaufwärts, alles bestens!

Am Schirm angelangt, sehen wir noch gerade, wie als Letzter der Zukunftshirsch zu Holze zieht. Hans meint, dass er diesen Hirsch nicht kenne, er sei wohl, so sagt er, der Weiber wegen zugezogen. Und das er ein Kapitaler werde – in zwei, drei, vier Jahren! Aber wo wohl der Gesuchte sei? Wir wollen es am späten Abend erneut an der Zirbe versuchen. Und ich freue mich schon auf Hans' Musik. Hier muss ich in Abwandlung des Wilhelm Busch'schen Zitats sagen: Musik wird oftmals schön empfunden, wenn sie mit diesem Geräusch verbunden …

Nachmittags vespern wir beizeiten und brechen dann gleich auf, um früh am Abend im Versteck zu sein. Es ist nicht mehr so erdrückend heiß wie am Vortag, daher sind wir guter Dinge, als wir uns vom Schirm in Richtung Zirbe schieben. Da wir früh dran sind, geht es etwas unbekümmerter zur Sache als am Morgen. Ich schaue gerade zu, wie Hans sich nach oben in Stellung bringt – Trixi kann ich im Moment nicht beobachten –, da winkt der Freund mich energisch heran, ich soll geschwind zu ihm aufschließen! Tatsächlich, einige Stücke Rotwild stehen bereits draußen, diesmal etwas weiter nach oben versetzt als am Morgen.

Der Beihirsch ist darunter und er meint wohl, er könne nun auch mal der Herrscher sein. Recht lautlos treibt er das eine Stück, aber da trollt der Haupthirsch vom Morgen wütend auf die Wiese und macht dem Jüngling Läufe. Hurtig geht die Jagd zurück ins Holz, es prasselt und kracht, Trenzen, und dann ein orgelnder Schrei aus dem Off, und der Sieger zieht zurück zu seinem Rudel. Laut meldet er, und Hans antwortet.

Alle Häupter drehen sich zu uns, der Herrscher stakst mit steifen Läufen in Richtung des vermeintlichen Nebenbuhlers. Wütend schreien sich die beiden an, es ist ein faszinierendes, überwältigendes Konzert, es bringt den jungen Zwölfer nahe an unser Versteck, aber es lockt immer noch nicht den von uns Gesuchten heran. Wenn er denn überhaupt in der Nähe stehen sollte, so schweigt er. Ein Leichtes wäre es gewesen, den jungen Zwölfer zur Strecke zu bringen, so gut hat Hans ihn gelockt und getäuscht. Aber es wäre ein unverzeihlicher jagdlicher Frevel geblieben.

Aufmerksam verfolgt das Alttier das Getöse, die alte Dame ist keinesfalls überzeugt, dass da alles mit rechten Dingen zugehen mag. So scheint es. Ob es ihre Erfahrung ist, ob sie etwas eräugt hat, oder ob es ein küselnder Windhauch ist, der uns verraten haben mag, sie macht auf Rückzug und zieht eilig zu Holze. Sie nimmt die gesamte Entourage ins Schlepptau, nur der Zwölfer steht erst noch vor unserem Versteck, glotzt mal zum abziehenden Rudel, dann wieder zum vermeintlichen Nebenbuhler, den er nur zu gern aus dessen Verhau vertrieben hätte. Hin- und hergerissen zwischen Kämpfen und Rudeln entscheidet er sich endlich, seinem Rudel zu folgen. Immer wieder schaut er zurück zu uns, stößt einen gurgelnden Schrei heraus, dann schließt sich das Grün hinter ihm.

Applaus, Applaus! Tatsächlich nur in Gedanken, aber die beiden Solisten – Hans und der Hirsch – haben sich tosenden Beifall verdient! Was für ein Erlebnis, so hautnah, so laut, so urig! Ich bin restlos begeistert. Aber Hans grantelt ein wenig herum. Er fragt sich, wo wohl der Gesuchte, der oftmals bestätigte, der reife Hirsch seinen Brunftplatz genommen hat. Morgen früh, da sollten wir um den Berg herum zu einer Lichtung im Bergwald pirschen, möglicherweise treibt der Hirsch dort sein Rudel. Als wir an unserer Hütte ankommen, beginnt die Nacht, aber unten in der Senke ist es still und leer …

Unter der Nacht wird es deutlich kühler. Als ich einmal einem menschlichen Bedürfnis folge und zur Hütte hinaustrete, empfängt mich eine sternenklare, kalte Nacht. Und die Mondsichel gibt schon etwas mehr Licht. Weiter weg, unten im Tal, höre ich einen Hirsch schreien, ein zweiter ruft und ein dritter tut es ihnen gleich – die Brunft nimmt Fahrt auf! Herrlich ist das Konzert! Eine Zeitlang lausche ich der Musikveranstaltung, dann lege ich mich wieder hin und harre der Dinge des Morgens.

Ob wir wohl den Hirschen finden werden, oder einen jagdbaren Hirschen? Aber es ist so schon ein berauschendes und beglückendes Erlebnis, denke ich dankbar. Eine feuchte Nase stupst mich an – Trixi steht neben meinem Lager und ist wohl ähnlicher Meinung! Ich tätschle ihren Kopf und streichle ihr Fell, und dabei muss ich selig eingeschlafen sein. Denn als Hans mich in noch dunkler Nacht weckt, hängt mein Arm immer noch außenbords der Koje. Wir müssten früher los, da wir einen längeren Marsch in der Dunkelheit und dann eine schwierige Pirsch vor uns hätten, sagt Hans und bereitet das Frühstück zu.

Wir steigen durch den stockfinsteren Forst um den Berg herum. Auf einem schmalen Steig geht es nur recht langsam voran, da wir behutsam vorgehen müssen in der vollkommenen Schwärze der Nacht. Von Ferne hören wir Hirsche rufen, es kommt aus dem Tal des Nachbarreviers. In der Senke am See herrschte Totenstille, als wir aufbrachen.

Hans will zu einer kleinen Blöße im Bergwald, um den Berg herum. Sollten die Hirsche dort brunften und schreien, so könnten wir jetzt noch keinen Laut vernehmen – der Berg liegt uns im Weg. Trotzdem bleiben wir immer wieder stehen und horchen. Außer den üblichen Stimmen der Nacht ist es still, nur unser eigenes Atmen und gelegentlich ein Streifen an Buschwerk oder das Klacken eines Kiesels unter unseren Sohlen hören wir – Hirsche vernehmen wir nun gar nicht mehr, denn das Orgeln der Hirsche im Tal des Nachbarn wird vom Berghang gänzlich abgeschottet. Und auch von der Blöße, die nun in Hirschruf-Hörweite sei, wie Hans mir versichert, ist nichts zu vernehmen.

Im Osten verfärbt sich der Himmel, als wir im Dunkel des Waldhangs eine hellere Stelle wahrnehmen – es ist die besagte Blöße. Hans verhofft. Trixi zeigt keinerlei Spannung. Wir glasen die Umgebung ab. Sollte Wild hier stehen, so steht es im Dämmer des Waldes, auf der helleren Blöße sind keine dunklen Flecken zu sehen. Hans rät, an Ort und Stelle zu warten, bis das Licht uns erlaube, Konturen zu erkennen. Wir hocken uns also hin.

Einzelne Vogelstimmen des Tages beginnen zu jubilieren, Trixi schaut mit einem Male in den Berg, ein Ruck geht durch ihren Körper und plötzlich poltert es gewaltig, gleich oberhalb von uns. Ich bin mächtig erschrocken, da ich in der Düsternis nicht wirklich etwas sehe. Nach dem Poltern ist Ruhe! Vollkommene Stille!

Ich kann mir keinen Reim aus dem undefinierbaren Geräusch machen, nach einem wegbrechenden Hirsch klang es nicht. Und für das kleinere Rehwild war es zu laut, Gamsen stehen zu dieser Jahreszeit hier nicht, sie sind höher im Berg und oberhalb der Waldgrenze. Wer oder was war also der Poltergeist? Es ist Hans, der mich vollends aus der Fassung bringt und aufklärt: Sauen!

Ich schaue ihn an, als ob er mir gerade die Verkündung des Heiligen Geistes bildhaft gemacht habe – Hosianna in der Höh'! Er will mich wohl verhohnepiepeln, Hans verfügt ja über einen durchaus hintergründig-verschmitzten Humor. Doch leise, aber eindrücklich versichert er, dass das Schwarzwild seit einiger Zeit die hochalpinen Lagen des Bergwaldes erobert hätte, und insbesondere auf den Almen gingen sie mächtig zu Schaden. Alles hätte ich vermutet, nur das nicht. Ursprünglich Bewohner sumpfiger Gegenden im Flach- und Hügelland, nun auch Bewohner hochalpiner Bergwälder und

Matten. Es spricht dann für die Fruchtbarkeit und Intelligenz der Borstentiere.

Ein jeder in Gedanken versunken, warten wir schweigend auf mehr Licht. Hin und wieder glasen Hans und Heiko die Umgebung ab, aber es tut sich nichts, es zeigt sich kein Haar, kein schwarzes, kein braunes, kein rotes! Das Schweigen im Walde … außer ein paar Tannenhähern, Alpendohlen und Spechten. Dann ziehen wir ganz langsam vor, denn einen Pirschpfad oder Pfad gibt es nicht. Im knöcheltiefen Kraut rauscht jeder Schritt, und so brauchen wir für die letzten Meter zum Versteck eine halbe Ewigkeit.

Hinter einigen Felsblöcken, die gute Deckung geben, richten wir uns ein, die Blöße etwas hangabwärts und schräg links vor uns. Der leichte Windhauch streicht nach rechts den Berg hinan. Das Schwarz der Nacht wechselt in das Grau des Dämmers und endlich in die Farbigkeit des frühen Morgens. Tau tropft von jedem Blatt und Reiser und uns in den Nacken. Trixi ist gar nicht amüsiert – sie kann ja Kälte und Nässe nicht leiden, wie wir wissen.

Gerade drehe ich mich, was in den Strünken von Kraut bei aller Obacht nicht ohne Rauschen und Knistern geht, um meine von der unbequemen Position schmerzenden Beine zu bequemen, da fasst mich Hans am Arm und bedeutet mir mit seinem Finger auf den Lippen, still zu sein. Trixi spitz ihre Nase, ich spitze die Ohren und alle meine Sinne, und da höre ich es jetzt auch: ein leises Mahnen, dann zwei, drei Schläge in einen Busch. Ich bin wie elektrisiert.

Uns gegenüber, am anderen Ende der Blöße, erscheint Kahlwild. Es sind zwei Alttiere und ein Kalb. Das eine Alttier äugt zurück. Und dann wieder dieses Schlagen, nicht wirklich heftig oder wütend, aber deutlich vernehmbar. Hans tut jetzt etwas, was ich bis dato nur von der Blattjagd auf den Bock kenne: Er schlägt mit einem Knüppel in das Beerenkraut. Das macht er in Deckung von dem Felsblocken, sachte aber energisch, hinter dem er hockt, sodass das Kahlwild ihn nicht eräugen kann. Alle Häupter, alle Lichter drehen sofort in unsere Richtung. Die Alttiere recken ihre Träger und werden fast zu alpinen Giraffen, so lang werden ihre „Hälse".

Gottseidank geht der Windhauch quer zu uns und den Hirschen, Wind haben sie nicht von uns.

Ein paar Trenzer kommen aus dem Busch – da muss ein Hirsch stehen. Warum macht Hans keine Musik? Warum ruft er nicht? Er muss einen Plan haben, von dem ich noch nichts weiß. Jetzt bedeutet er mir auch, mich schussfertig zu machen. Ich richte mein Gewehr auf die Stelle, an der das jetzt inmitten der Blöße stehende Rotwild herauszog. Dort müsste er auch erscheinen.

Und er erscheint! Wenig aufsehenerregend, ohne Getöse und Brimborium. Und dennoch spektakulär! Ein uralter Rothirsch, ein Grandseigneur, einer mit eisgrauer Maske, mit einem Geweih, das wahrlich beste Zeiten weit hinter sich hat, tritt auf die Bühne. Trotz seiner Greisenhaftigkeit hat er ein erhabenes Gebaren. Er meldet kurz, schlägt dann sein zurückgesetztes Geweih in das Gras der Blöße, so als ob er zeigen wolle, dass er es noch könne.

All das spielt sich in kürzerer Zeit ab als hier geschildert, und Hans gibt mir energisch zu verstehen, dass ich schießen solle. Er hat recht, der Hirsch ist uralt, weit über seinen Zenit hinaus, den darf man getrost der Wildbahn entnehmen. Es wäre ein guter Abschuss! Wäre, denn noch liegt er nicht.

Das Absehen kreist auf dem Hirsch. Mein Puls rast, der Jagdschüttler setzt ein, ich bräuchte einen Hirsch von den Ausmaßen eines Elefanten, um zu treffen. Erbarmungslos hat mich das Jagdfieber im Griff. Jetzt röhrt er, steht günstig, aber ein sicherndes Alttier tritt in die Schussbahn. Immer noch sucht der Greise seinen schlagenden Nebenbuhler, er tritt mit steifen Läufen vor, trenzt.

Ich nehme nur undeutlich wahr, dass Hans wieder seinen Knüppel im Kraut kreisen lässt. Das bringt den Hirsch aus der Schusslinie des Stückes, aber er steht spitz zu, kommt immer näher. Trixi quiemt leise, Hans stupst sie, Trixi verstummt, ich quieme jetzt vor

Anspannung und Aufregung, Hans stupst nicht! Das Absehen eiert auf dem zustehenden Hirsch, da macht er eine kleine Drehung nach links und äugt zurück zu seinem Kleinstrudel. Das ist der Augenblick! Besser wird's nimmer! Der Schuss kracht. Spitz auf das Blatt!

Im Feuerball verschwindet das Bild vom Hirsch, ich sehe und höre nur das Kahlwild wegbrechen. Den Hirsch sehe ich nicht mehr. Mit zittrigen Fingern fummle ich die abgeschossene Hülse raus und will nachladen, da schlägt mir Hans seine Hand auf die Schulter, schüttelt mich wild und wünscht ein herzhaftes Waidmannsheil! Ob er liege, frage ich wie betäubt. Ja, er liegt, versichert mir Hans: Halali!

Wir liegen uns in den Armen, Trixi stupst erst Hans, dann mich, mit ihrer vor Aufregung triefenden Nase. Wir tätscheln sie in größter Freude, und dann gehen wir alle gemeinsam zum Hirsch. Er fiel und liegt in einer Mulde, deshalb konnte ich ihn nach dem Schuss nicht mehr sehen.

Es ist ein uralter Hirsch, wir schätzen ihn auf siebzehn Jahr. Sieben stumpfe, kurze Enden zählen wir links, die rechte Stange ist nur noch ein Spieß, ganz zurückgesetzt, also ein echt Besonderer, ein Methusalem, ein König der Berge! Hans gibt ihm den letzten Bissen, auf seinem Hirschfänger überreicht er mir feierlich und freudevoll meinen Erlegerbruch. Dankbar greife ich danach und stopfe mir den Bruch der Föhre an den grünen Hut. Waidmannsdank!

Hans lässt mich allein an meinem Recken verweilen, ich hocke mich dahin, bin dankbar für meinen Hirsch, für meine Beute, gemeinsam erjagt, bin dankbar, dass ich dieses Erlebnis, diese Glücksmomente im hohen Berg haben, diese Poesie des Waidwerks, diese Faszination der Jagd erfahren durfte. Und denke, dass Diana eine bisweilen launische, aber eine zuweilen auch ganz großzügige Göttin ist. Und immer großherzig und gönnerhaft ist Hans – dir, lieber

Hans, möchte ich ein herzliches Waidmannsdank und ein „Vergelt's Gott" zurufen!

Post Scriptum: Es sei noch notiert, lieber Leser, dass die Bergung des alten Hirsches eine unendlich mühevolle, beschwerliche Aufgabe war. Aber ehrenwert! Wir zerwirkten den Hirsch auf seiner Decke und schleppten das portionierte Wildbret und die Trophäe in zwei Touren zur Berghütte und dann schlussendlich den Berg hinab. Selten habe ich eine solche Schinderei erfahren, schweißverschmiert und schweißüberströmt sind wir vom Berg gekraxelt. „Die Arbeit beginnt nach dem Schuss", diese Losung hat für mich seither eine ganz neue Dimension erhalten.

Ach ja – als wir von der Berghütte den Abstieg begannen, da schauten wir ein letztes Mal in die Senke am Bergsee. Wir trauten unseren Augen nicht – dort stand bei seinem Rudel der ehedem Gesuchte. Horrido!

Wundersame Wandlung

Jagdlicher Anhang

Erziehung ist ein schwierig Ding, das wissen nicht nur Eltern und Lehrer. Nein, es ist auch der Allgemeinheit nicht verborgen geblieben, dass die Sache mit der Erziehung eine gemeine und schwierige, mitunter hoffnungslose Angelegenheit ist. Gelegentlich aber zeitigen gewisse Vorbilder ungeahnte, wunderbare Ergebnisse – das sind dann auch Glücksmomente eines Jägerlebens.

Vor Jahren fuhr ich mit meinem Neffen zur Großmutter. Mit der Bahn! Soll ja entspannter sein als mit dem Auto. Dachte ich auch. Bis dahin. Eine berühmte Anpreisung der Bahn hatte einmal geheißen: „Alle reden vom Wetter – wir nicht. Die Bahn." Das, so muss man nüchtern konstatieren, hat sich ein für alle Mal erledigt. Aber die Unbilden des Wetters und die damit einhergehenden Fahrplankatastrophen der Bahn sind nicht Gegenstand dieser Abhandlung. Nein, das zu schildernde Drama ist eher interner und pädagogischer Natur. Und dafür kann ja wohl die Bahn nichts.

Meine geliebte Schwester hatte mir, da war ich noch nicht selbst Vater von vier Kindern, einen ihrer beiden Rangen im kategorischen Imperativ aufgedrückt. Genauer gesagt, den erstgeborenen Sohn Raoul, damals noch im zarten Alter von unter zehn Jahren.

Einfach so hatte sie es durchgesetzt: „Du fährst doch am Wochenende zu unserer Mutter?!?"

Immer wenn sie von „Mutter" sprach – Mami, Großmimi oder Doi waren die üblichen, liebevollen Attribute – war höchste Aufmerksamkeit geboten, denn imminente Gefahr war dann im Verzug. Und: „Tu mir bitte den Gefallen, nimm Raoul mit!" Das war keine Bitte, das war eine klare Anweisung.

Mein verstorbener Vater war ein weiser Mann gewesen. „Kinder machen Spaß, ganz besonders vorher", hatte er flachsend betont. Warum der alte Herr so weise war? Weil er so alt wurde!

Zurück zum Neffen, dem Dreikäsehoch. Er ist einer von denen, die alles besser wissen. Von wegen hochbegabt und so. Jedenfalls nach der Ansicht meiner Schwester und meines Schwagers. Also, wir steigen in den ICE ein, 1. Klasse natürlich, ich müsse doch meinem Neffen etwas bieten. O-Ton meiner Schwester. Selber fährt sie immer 2. Klasse, und gäbe es noch die 3. Klasse, würde sie selbstverständlich jene bevorzugen …

Kaum im Waggon, da geht das Gedröhne los: „Warum haben wir keinen Tisch?" Und: „Ich will nicht gegen die Fahrtrichtung sitzen." Das will ich allerdings auch nicht.

„Du bleibst so sitzen!", sage ich. Raoul schmollt, er wird erst rot im Gesicht, dann blau, zum Schluss violett.

„Schon gut, schon gut!"

Ich fahre also mit dem Rücken zur Fahrtrichtung, bin entsprechend genervt und verdrießt – pädagogisch wenig wertvoll, aber was ist schon von omnipotenten Übereltern oder Aufsichtspersonen zu halten!?! Übermächtige Vorbilder könnten ja den Nachwuchs verstören … Der Neffe erfreut sich derweil bester Laune, er fährt ja schließlich auch nicht mit dem Rücken zur Fahrtrichtung.

„Ich will was trinken."

„Hast du das Wort ‚bitte' schon einmal gehört?"

Als ich die von meiner Schwester mitgegebene Trinkflasche mit selbst gepresstem Gemüsesaft hervorziehe, macht er einen Flunsch: „Nö, ich will Cola."

Mistkerl, der Neffe! Der freundliche Bahnbeamte kommt und bringt die ziemlich teure Cola. Ich bin genervt. Der Neffe grinst, ich grinse säuerlich zurück.

Kurz darauf der Neffe: „Ich muss mal."

„Dann geh doch bitte."

„Ich will aber, dass du mitkommst."

„Auf die Toilette?" Wir gehen gemeinsam zur Toilette.

„Musst du Groß oder Klein?"

„Groß." Auch das noch!

Als wir in der Toilette sind, kann er nicht!

„Wie, du kannst nicht?"

„Ich kann nicht rückwärts Groß machen."

„Wie, rückwärts?"

„Mit dem Rücken zur Fahrtrichtung."

Ich krieg die Krise: „Bist du ein Joghurt oder was?"

„Wieso denn ein Joghurt?"

„Von wegen links- oder rechtsdrehend!"

„Ich muss Groß machen. Ich kann aber nicht rückwärts." Mir bricht der Schweiß aus. Dieses Monster.

„Wenn du nicht sofort rückwärts machst, dann …"

Mein Neffe fängt an zu heulen, schreit wie am Spieß. Draußen vor der Tür fragt der freundliche Zugbegleiter, ob er helfen könne. Nein, könne er nicht! Der Neffe löst sich endlich – rückwärts! Ich halte mir Nase, Augen und Ohren zu.

„Was machst du denn?“, fragt er scheinheilig

„Ich versaue mir gerade mein Leben und meine Einstellung zu nahen Familienverwandten.“

Weiter wollen wir uns weder mit dieser recht privaten Örtlichkeit noch der unschicklichen Schilderung dessen, was dort geschieht, aufhalten. Es soll ja pietät- und taktvoll zugehen und letztendlich sich um einen jagdlichen Bezug drehen. Nur so viel: Der Rest der Reise verläuft ebenso peinsam wie eingangs beschrieben, aber auch damit wollen wir den geneigten Leser nicht weiter behelligen.

Jahre später. Mein unflätiger Neffe ist mittlerweile zu einem smarten Twen herangewachsen. Kaum zu glauben. Er hat ein Jura- und ein BWL-Studium erfolgreich abgeschlossen, die Staatsexamen absolviert und seine ersten Schritte im Berufsleben gemacht. Und was ich nie für möglich gehalten hätte – er, der Stadtmensch, der „city slicker“, der golfspielende, triathlonbetreibende und lustsegelnde, beginnt sich für Jagd und Fischerei zu interessieren. Wer hätte das gedacht! Ich niemals! Von allen nächsten Verwandten hätte ich es eher erwartet als von meinem unflätigen Neffen.

Mit fokussierter Zielstrebigkeit absolviert er Fischerei- und Jagdschein mithilfe entsprechender Institute in kürzester Zeitspanne. Was sicherlich noch lange nicht einen wirklichen Jäger, geschweige denn Heger aus ihm macht. Aber der Anfang ist getan. Und zur praktischen Lehre nehme ich ihn gerne mit.

Auf meine Frage, wie es denn zu dieser wundersamen Wandlung und Hinwendung gekommen sei, bemerkt er, dass ihn meine Passion seit ehedem beindruckt habe, er sich gerne in der Natur aufhalte, und so durch Vorbildfunktion den Zugang zu einem ihm ansonsten unbekannten Terrain gefunden habe. Mir soll es lieb und recht sein, denn Nachwuchs braucht die Jagerei! Wohl ist sein kulinarisches Begehr am Schüsseltreiben noch vorrangig, der gesellschaftliche Umgang ihm Triebfeder zum Studium manch skurrilen Mitjägers, lieber nimmt er auch an Gesellschaftsjagden teil, statt mutterseelenallein in dunkler Nacht einsam auf einem Sitz zu hocken oder pirschend über Stock und Stein zu stolpern. Aber er jagt!

Legendär ist Raouls denkwürdige Fischereiprüfung, und obwohl bereits an anderer Stelle geschildert, soll sie hier noch einmal Beachtung finden: Wie es seinem Temperament, seiner Intelligenz und seiner ausschweifenden Fantasie entspricht, hatte er sich gründlich vorbereitet, erläuterte nun detail- und wortreich dem in allen Fischereiarten – wohlgemerkt – seit Jahrzehnten sehr erfahrenen Prüfer die Nachteile einer gewissen Abu-Garcia-Baitcaster-Rolle beim Brandungsangeln. Das Notenergebnis der Prüfung war dann auch „Eins plus, mit Sonderpunkten für Klugscheißerei“!

Bekanntlich sind ja Theorie und Praxis zwei Seiten einer Medaille, und nicht jedem ist es gegeben, theoretisches Fachwissen in erfolgreiches Praxishandeln umzusetzen. Auch setzt auf Dauer erfolgreiches Jagen ein gerütteltes Maß an Erfahrung voraus, was neben Jagdverstand nur durch aktives Tun zu erlangen ist. So war es mir als passioniertem Raubwildjäger ein besonderes Anliegen, Raoul in seinen jagdlichen Anfängen auf den Fuchs zu führen.

Wir saßen an derselben Grabenkante an, im Rücken ein Bohnenschlag, vor uns die Klosterbachwiesen, er auf dem Dieter-Albers-Sitz, ich auf der Horst-Haberland-Gedächtnis-Kanzel. An Raouls Ort hatten sich seit geraumer Zeit die Abkömmlinge eines Gehecks herumgetrieben, und diesen galt sein wie mein Trachten. Es war ein lauer Abend, die frisch gemähte Wiese lockte auch bald ein Mitglied der Sippe Malepartus herbei! Raoul musste, um mit der von mir geliehenen Kipplaufbüchse zu Schuss zu kommen, halb vom Sitz herunter, um den weit rechts mausenden Fuchs ins Visier zu bekommen. Gespannt beobachtete ich sein Tun, ohne allerdings selbst den Fuchs sehen zu können. Im letzten Büchsenlicht brach der Schuss, Raouls Körpersprache hatte im Moment der Schussabgabe sehr gut ausgesehen.

Da nunmehr kein Schusslicht gegeben, brach und baumte ich ab und begab mich wohlgemut zum Jungjäger. Im Geiste sah ich ihn schon mit seinem ersten Fuchs in der Hand grinsend am Sitz stehen. Weit gefehlt!

„So ein Mist", quoll es aus ihm heraus, „ich kann den Fuchs nicht finden, dabei bin ich sauber und ruhig abgekommen. Der muss doch liegen, aber da liegt kein Fuchs."

Ich ließ mir alles genau berichten, und kam nach Raouls detaillierter Schilderung zu dem Ergebnis, dass er in der Tat den Fuchs tödlich getroffen haben musste. In der Zwischenzeit war es stockduster geworden, eine kurze Suche am vermeintlichen Anschuss ergab nichts. Um nicht weiter eventuelle Pirschzeichen zu vertreten, beschloss ich, am nächsten Morgen die Suche fortzusetzen.

Bei allererstem Licht standen wir wieder an der Wiese, die mit Schwaden von gemähtem Gras und dicken Nebelfäden vor uns lag. „Lass uns einmal vom Graben- und Heckenrand her die Wiese hin zum Anschuss absuchen. Der Fuchs wird, wenn er nicht sofort lag, versucht haben, die schützende Dickung zu erreichen."

Ich hatte noch nicht ausgesprochen, da stolperten wir bereits über den sauber getroffenen Fuchs – er hatte, von einer Grasschwade verdeckt, am Anschuss gelegen, nur etwas weiter entfernt als gedacht.

„Waidmannsheil zum ersten Fuchs!" und „Waidmannsdank und tausend Dank!", so ging es hin und her, und die beiderseitige Freude war groß!

„Der Balg taugt jetzt nichts, aber du könntest das Haupt abschlagen, auskochen und den Schädel präparieren. Soll ich den Schädel abschlagen?", fragte ich Raoul vorsichtshalber.

Nein, nein, er wolle das daselbst machen. Also fuhren wir zu einem seit vielen Jahren als Hauklotz genutzten Birkenstock. Raoul war im Begriff, mit meiner großen Axt zu Werke zu gehen.

„Bist du dir sicher, dass du den Schädel abschlagen möchtest? Pass auf, dass du nicht zu weit vorne triffst, sonst ist er kaputt. Du musst die Halswirbel treffen!“

Raoul winkte ab. Offenbar war er sich seiner Sache sicher. Ich hingegen hatte so meine Zweifel. Ganz im Gegensatz zu seiner sehr guten Körpersprache bei der beschriebenen und – wie wir ja inzwischen wissen – erfolgreichen Schussabgabe, war seine Körpersprache, nun da er meine Axt in seinen behandschuhten Händen hielt, gar nicht gut! Es sah, mit Verlaub gesagt, etwas linkisch aus …

Und, rumms, sauste das Scharfbeil herab, der Scharfrichter hatte getroffen. Erfolgreich! Mitten in das Haupt! Der Schädel war kupiert und kaputt. Betroffen schauten wir uns an, Raoul etwas betroffener als ich.

„Da ist nichts zu retten, mein Lieber", murmelte ich, „aber du kannst dir immer noch die Haken auskochen. Wenigstens bleibt dir dann vom Fuchs etwas."

Das wurde dann auch gemacht, und so blieben vom ersten Fuchs des Jungjägers Raoul wenigstens einige bedeutungsvolle Zähne übrig – ähnlich wie bei archäologischen Ausgrabungen, wo Anthropologen von einem Zahn oder einigen Zähnen auf ein komplettes Lebewesen und dessen geschichtlich-erdenschweren Lebensweg schließen können. Und Raoul blieb ein bedeutendes Jagderlebnis wie ein in vielerlei Hinsicht wertvoller Lernprozess für den weiteren Weg seines jagdlichen Daseins. Aller Anfang ist schwer, besonders der jagdliche Anfang für den jagdlichen Anhang. Aber diese Schwierigkeiten am Beginn sind eben auch Glücksmomente eines Jägerlebens!

Ysengrimus

Eine Weihnachts-überraschung

Tagein, tagaus hatte es geschneit. Eine glänzende Schneedecke lag über Feld und Wald, die Bäume des Forstes glichen barocken Riesen eines Zuckerbäckers. Endlich Schnee! Und weiße Weihnacht …

Er stand am Fenster und schaute prüfend hinaus. Draußen funkelten die Sterne am Firmament. Nebel und Wind hatten sich gelegt, und Raureifkristalle glitzerten auf dem Schneekleid der Landschaft. Beißende Kälte und eisiger Frost herrschten in Feld und Wald. Drinnen in der Stube aber knisterte ein Feuer im Kamin und spendete wohlige Wärme, betörender Duft von Bratapfel in Mürbeteig mengte sich mit dem honigwächserner Kerzen am Christusbaum. Es war Weihnachten …

Seine Frau lag behaglich mit der Katze auf der Fuchsdecke und schaute ihn aufmerksam an. Nun, der Weihnachtsbraten war von ihm ja längst erlegt und zubereitet und sollte morgen, wenn am ersten Weihnachtsfeiertage die Kinder kämen, dampfend und duftend auf den Tellern liegen. Der Braten konnte es also nicht sein. Nein, sie wusste, das Schneehemd war es, was ihn lockte. Denn: Fuchs kann immer kommen! Oder das andere Raubwild …

Ihm war es angenehm hier drinnen, bei seiner geliebten Frau, bei gutem Trank und guter Speis, und dennoch, er musste nach den Räubern schauen. Die Gelegenheit war günstig wie selten. Witterung, Wind und Wetter bestimmten die Jagerei, nicht des Jägers Terminplan, Lust und Laune.

Vorsichtig schaute er zu seiner Frau. Ein bezauberndes Lächeln lag auf ihrem Gesicht, dabei zog sie doch eine Falte in die Stirn: „Nun geh' schon raus, aber komm mir bloß nicht zu spät nach Haus und ohne Beute heim, schließlich möchte ich mit dir noch einen weihnachtlichen Punsch nehmen!"

Galant gab er ihr einen Handkuss, umarmte sie freudestrahlend, sie entgegnete mit einem verheißungsvollen Kuss. Und da war noch jemand, der an den Zärteleien Anteil nehmen wollte. Bianca stupste ihn mit feuchter Nase an, tänzelte einen Pas de deux vor ihm. Seine Magyar-Vizsla-Hündin war wohl recht wärmeliebend, aber wenn es zur Jagd ging, kannte auch sie kein widriges Wetter, gab es für sie kein Halten.

Draußen empfing die beiden eine Winterwunderwelt. Klare, kalte, schneidende Luft, Stille, absolute Stille herrschte, der Atem dampfte, unter den Stiefeln und Branten knirschte der pulvrige Schnee. Er wollte nur eine kurze Waldpirsch zur „Bogenkanzel" machen, schließlich war es Heiligabend!

Die „Bogenkanzel" war eigentlich nur ein komfortabler Drückjagdbock an einer kleinen Freifläche im Steilhang. Er stand an einer ausladenden Kehre des Waldweges. Man hatte freien Blick schnurstracks entlang des Weges, nach vorn wie nach links. Rechts und hinterwärts standen Altbäume im Hang, vor dem Bock über den Weg hinweg war lichter Hochwald, der zur Wegkehre hin abfiel.

Dahinter eine Dickung. Es war, so hatte ihn die Jagd jahrein, jahraus gelehrt, dies geradezu ein Knotenpunkt für allerlei Wild, welches hier von einer Abteilung des Forstes in die nächste wechselte. Insbesondere Raubwild passte gerne direkt auf die Kehre zu, gleichsam einem Zwangspass folgend.

Langsam stapften er und seine Hündin durch den Schnee. Bianca zitterte am ganzen Leib, teils vor Passion als auch vor Kälte, und sie beobachtete unablässig mal die Umgebung, mal ihren Herrn. Die Hündin hatte eine bemerkenswerte Eigenschaft: Wenn sie Wild in die Nase oder in Anblick bekam, stand sie es niemals vor, sondern saß es vor. Sie saß vor! Bei Nässe und Kälte allerdings „schwebte" sie eher vor – niemals berührten ihre Keulen das unwirtliche Element. Ihrer Passion tat das aber keinen Abbruch!

Voraus meinte er, eine Bewegung bemerkt zu haben. Er blieb stehen und spekulierte mit dem Glas. Aber an Biancas Reaktion sah er, dass er sich getäuscht haben musste. Ungeduldig blickte sie ihn an: „Können wir nun weitermachen, es ist ziemlich kalt hier beim Stehen …".

Er tätschelte und liebkoste ihr feines Haupt. Wo der Wolf wohl stecken mochte? Mehrmals hatten er und seine Hündin einen Wolf im Revier gespürt, und auch die Wildkamera hatte sein heimliches Tun festgehalten. Aber offensichtlich war seine Anwesenheit noch von seltener, heimlicher Natur. Denn das Wild hatte sich bis dato nicht verdünnisiert. Vielleicht konnte ihm diese Nacht weitere Aufschlüsse über Isegrim bringen. Wenn er als Grünrock den Graurock schon nicht „managen" durfte, so doch wenigstens das andere Raubwild: Fuchs, Dachs, Marder, Marderhund, Iltis und Waschbär – die anderen gab es hier gottlob nicht!

Weiter pirschte er voran, es war nicht mehr lang bis zur „Bogenkanzel", und obgleich es eine perfekte Nacht zum Pirschen war, so wollte er dennoch auf dem Sitz verweilen. „Weihnachtliche Ruh'" eben! Bianca zog nun ein wenig voraus, jetzt da sie den Sitz erspäht hatte. Sie wusste wohl, dass es dort für sie eine wärmende Decke geben würde …

An Ort und Stelle angelangt, fegte er den Schnee beiseite, trug seine Hündin die kurze Leiter herauf, bereitete ihr eine dicke Decke und sich das Sitzkissen. Dann war alles so weit, die Doppelbüchse stand im Eck, er stopfte sich die Ohrenschützer in seine Watscheln – die weiße Bühne konnte sich beleben.

Die Gedanken wanderten zurück. Vor einigen Jahren hatte er hier gehockt, da hatte statt des Drückjagdbockes eine Kanzel an dieser Stelle gestanden, eben die „Bogenkanzel". Damals war ihm auf dem Weg unterhalb der Kanzel eine Rotte stärkerer Sauen gekommen, gemütlich und sauber aufgereiht wie an einer Perlenschnur. Wegen der geschlossenen Konstruktion hatte er nicht nach hinten schießen können, die Sauen waren seelenruhig in Sicherheit gelangt. Kurz danach war der Drückjagdbock dort gestanden, auf dem er jetzt hockte und die weiße Pracht abglaste.

Just in diesem Moment lief ein Fuchs durchs Visier, stand mittenmang auf 160 Meter auf dem vorderen Weg, den sie gekommen waren, und verschwand lautlos in der hangaufwärts gelegenen Dickung.

„Heidewitzka", entfuhr es ihm leise, und auch Bianca hatte aufgeregt ihre Nase gehoben, „ob der wohl wiederkommt?" Aber „stille Nacht, heilige Nacht", als wäre nie ein Füchslein da gewesen, lagen Wald und Weg still und starr vor ihnen.

Er sann über seine charmante Frau nach, die ihm so hochherzig seine Passion gönnte. Da hob Bianca wieder ihr Haupt und starrte durch den Bretterverschlag nach vorn. Augenblicklich sah er eine Bewegung auf dreißig Gänge im Gegenhang, ein Fuchs löste sich aus dem Dunkel und lief direkt auf ihn zu. Waffe hoch, er schreckte den Fuchs auf zwei Dutzend Schritte an, der Fuchs verhielt und horchte, setzte sich dann wieder in Bewegung. Er war nicht so schnell fertig geworden, daher schreckte er den Fuchs erneut an, diesmal auf zwanzig Schritte, und der Fuchs verhoffte abermals. Den Schuss vernahm Reineke nicht mehr, und im Schnee lag ein prachtvoller Fuchs nur fünfzehn Gänge entfernt.

„Puh, das war knapp“, bemerkte er zu seiner Hündin, der er dankbar das Haupt abliebelte. Vorsichtshalber schaute er mit dem Glas zum Fuchs, um sich zu vergewissern, aber da lag der Räuber mausetot im Schnee. Er überlegte, ob er nun des Heiligen Abends wegen zum heimischen Herd zurückkehren sollte, aber eine gewisse Spannung und die Pracht der weißen Weihnacht machten ihn verweilen.

Zurecht! Denn nur kurz darauf saß seine Hündin vor! Fast auf die Stelle genau erschien ein stärkerer Fuchs auf dem Pass des vorigen, verhoffte schussgerecht und sank tödlich getroffen nur kurz hinter dem ersten in den Schnee.

„Waidmannsheil“, bemerkte er zu sich und seiner Hündin und lüftete den grünen Hut, „das klappt ja wie am Schnürchen.“

Aber jedes Schnürchen hat mal ein Ende, und so fehlte er den nächsten Fuchs ganz jämmerlich auf allerkürzeste Entfernung. Auch wenn das die schwierigsten Schüsse waren, dazu noch nach rechts hinunter in den Abhang, so nervte ihn die vertane Chance doch gewaltig, und auch der vorwurfsvolle Blick der Hündin war nicht dazu angetan, seine Laune zu heben.

Warum kamen die Füchse so zahlreich und in so hoher Kadenz? War es die beginnende Ranz? Oder gab es einen anderen Grund? Wieder dachte er an Isegrim. Sollte er der tiefere Grund sein?

Wie er so grübelte, gedankenvoll seine Hündin betrachtete und liebevoll tätschelte, da quiemte Bianca leise und erhob sich. Er hob seinen Kopf und blickte auf einen Fuchs, der mitten auf dem Weg auf seinen Keulen saß und interessiert zum Sitz lugte! Keine vierzig

Schritte entfernt! Die Doppelbüchse lehnte in der Ecke. Der Fuchs hatte genug gesehen und erhob sich auf seine Läufe, ohne das die Läufe der Doppelbüchse ihm noch etwas anhaben konnten …

„Ich glaube, wir sollten den Heimweg antreten", meinte er etwas zerknirscht und blickte seiner treuen Freundin in die Augen. Aber die hatte mit einem Male eine andere Meinung! Heftig spannte sie sich und windete nach vorn. Er schaute auf, griff mechanisch zur Waffe, da überfiel ein pechschwarzes Ungetüm den Weg, auf sechzig Schritte.

Nichts hatte er vorher gehört oder gesehen in der dichten Dickung im oberen Abhang, aber nun sprang er hoch, nahm die Sau auf, die jetzt den unteren Steilhang schräg hinabstürmte. Baum, Strauch, Baum, Sau, Strauch, Baum – er würde nur eine einzige Chance haben, die Sau zu beschießen, nämlich auf vierzig Meter unterhalb des Drückjagdbockes in der Strauchlücke am Weg und zum oberen Rande des Weges hin, des Kugelfanges und des sehr schmalen, aber freien Schussfeldes wegen.

Die Sau war nicht hochflüchtig, doch war sie im flotten Schweinsgalopp unterwegs, und als sie in der Lücke erschien, da war er schon in vollem Schwung, lies die Kugel fliegen, und er sah durchs Feuer eine Dampfwolke auf der Sau, meinte, tief, aber gut abgekommen zu sein.

Der Grobian jedoch ruckte nicht einmal im Schuss, zeichnete nicht, sondern überfiel scheinbar ungerührt und unberührt den Weg und verschwand darunter in des Steilhangs Gestrüpp. Ein zweiter Schuss war wegen des dann wieder fehlenden Kugelfangs und der von Strauchwerk abgedeckten Sau nicht mehr möglich gewesen. Aber sogleich hub ein Krachen und Brechen an, wie wenn ein schweres Stück tödlich getroffen durch morsches Unterholz brach. Das Getöse nahm gefühlt überhaupt kein Ende, doch dann Stille! Zu sehen gab es nichts.

Vorsichtshalber lud er nach, konzentriert blieb er im Voranschlag, blickte kurz auf seine Hündin, die zitternd nach hinten schaute, aber ansonsten keinen Mucks tat. Wie auch er nichts sah und hörte. Doch es lag „Wild in der Luft", das spürten er und wohl auch seine Bianca.

Noch ganz beschäftigt mit der Sau und im vollen Jagdschüttler, übertölpelte ihn und Bianca eine weitere einzelne Sau. Ein starker Überläufer kam im schnellen Troll in seinem Rücken – wie unfair – den lichten Waldhang hinunter und in bester Schussentfernung und Schusslage. Er wurde einfach nicht fertig auf ihn, der Überläufer verabschiedete sich unbeschossen in den Tabubereich des Abhangs. So rettete eine Sau der anderen das Leben! Aber wer oder was hatte das Wild, Fuchs wie Sau, auf die Läufe gebracht? Still lag der Forst vor ihm – war hier der Superprädator am Werke, war der Wolf zurückgekehrt? Aber Bianca zeigte kein typisches Droh- und Angstverhalten. Wo mochte nur der Wolf stecken?

Endlich entspannte er sich ein wenig, nahm das Fernglas vor die Augen und glaste den Weg unterhalb des Sitzes ab. Hellrot leuchtete Schweiß, Placken von Schweiß, die Rotfährte wie gespritzt im Weiß des Schnees. Die Sau musste liegen. Bianca windete nun unentwegt in Richtung des unteren Steilhangs, aber er gab sich noch eine weitere Viertelstunde der unruhigen Ruhe. Dann baumte er ab, hängte seinen Rucksack nebst Siebensachen an die Leiter, nahm seine Hündin an die Leine und klaubte die beiden Füchse auf. Zwei prächtige Exemplare im vollen Winterkleid, das erste eine Fähe, das zweite ein mächtiger Rüde. Er legte sie zum Sitz, dann begab er sich mit Bianca zum Anschuss.

Mächtige Schaleneingriffe, viel Schweiß, noch mehr Schweiß auf dem Weg. Im Abhang, und tatsächlich war die grobe Sau durch morsches Altholz gebrochen, war überall Rotes abgestreift, aber nirgends war eine Sau zu sehen. Er blickte hinunter in den lichten Steilhang, aber außer der Wundfährte war nichts auszumachen. Vorsichtshalber stopfte er zwei Patronen in seine Doppelläufige, drehte das Zielfernrohr auf Vergrößerung 1,1, denn auf eine annehmende Sau hatte er unvorbereitet keine Lust und Laune. Er rutschte neben der Fluchtfährte mehr als dass er abstieg – es brauchte des Hundes Nase nicht, denn deutlich stand Rot auf Weiß. Nur einmal hatte die Sau einen kurzen Querläufer gemacht, war alsbald wieder in Falllinie den Hang hinabgestürmt. Eine Zeitlang gab es gar keinen Schweiß, dann erneut getropfter Schweiß.

Er war in etwa eine olympische Sprintstrecke der Wundfährte gefolgt, als sich das Bild änderte: Hier war die Sau offensichtlich nicht mehr geflüchtet, sie war den steilen Hang hinabgetrudelt und -gerollt. Nur: Wo lag sie?! Er blickte dreißig Schritte nach unten zum nächsten Weg, und tatsächlich, da lag die Sau – schwarz, mächtig, schweißleer und sautot. Er trat mit seiner Hündin an den imposanten Keiler, lüftete den Hut zum letzten Gruß, brach die

Brüche von den Tannen, einen zum letzten Bissen, einen an des treuen Hundes Halsung, einen an den grünen Filz, einen auf den mächtigen Wildkörper. Waidmannsdank! Am Heiligen Abend!

Er verrichtete die rote Arbeit, mächtig dampfte es aus seinem offenen Mund. Er würde den Keiler per Schlitten bergen. Und dann konnte das Weihnachtsfest beginnen! Morgen würden seine Jungs staunen. Und heute seine Frau! Und er würde noch rechtzeitig heimkehren und einen guten Punsch mit ihr genießen.

Trotz dieses Glücksgefühls, trotz Waidmannsheil und weihnachtlicher Freude blieb ihm aber die sorgenvolle Erkenntnis: Der Wolf ist angekommen! Eine Weihnachtsüberraschung der anderen Art …

In der Göhrde

Die Rülpser-Methode

„Der Zweck heiligt die Mittel" ist ein bekannter Satz des Denkers und Politikers Niccolò Machiavelli. Und nicht erst seit „Il Principe" streitet die intellektuelle Welt darüber, ob dem so ist. Da die Jagd ethischen und der Jäger moralischen Maßstäben unterliegt, wird allgemein erwartet, dass das Jagen hehren Prinzipien folge. Doch ist dem immer so? Der Bewertung des nun Geschilderten möchte ich mich entziehen …

Wir sind nach wenigen Jahren wieder zu Besuch und Gast bei Thomas und Dorothee in der Göhrde. Diejenigen der geneigten Leser, die die Erzählung „Der Thermoskannen-Bock" aus dem Buch „Tage und Nächte im Revier" kennen, werden sich erinnern, dass Thomas' ehemaliger Jagdberitt inmitten des Staatsforstes und vormalig kaiserlichen Hofjagdrevieres Göhrde lag. Und ebendort liegt auch sein neues Pachtrevier, im größten Mischwald Niedersachsens und Norddeutschlands.

Es ist ein wunderschöner Belauf – Kiefern, Stieleichen und Blaubeerkraut auf sandigen Böden prägen die hügelige Landschaft, erschaffen von mächtigen eiszeitlichen Gletschern, Höhenzüge und Niederungen wechseln sich im Naturpark Elbhöhen-Wendland in aller Regelmäßigkeit ab. Das neue Revier kenne ich von einigen Gesellschaftsjagden in Verbindung mit dem Staatsforst, nun aber sind wir, meine drei Söhne Maximilian-Lennart, Tristan, Vincent-Hendrik und ich, vom großherzigen Beständer Thomas zur Bockjagd eingeladen – Glücksmomente in einem Jägerleben! Es ist Pfingsten anno 2018, und es ist heiß, sehr heiß und trocken.

Nachdem wir am Abend bei den Freunden angekommen sind, machen wir noch eine schnelle Tour durch das Revier – wir wollen vor dem ersten Jagdmorgen die möglichen Ansitze einteilen und die entsprechenden Ansitzeinrichtungen begutachten. Thomas steuert seinen alten Landrover behutsam über die Sandwege. Nicht des alten Pritschenwagens wegen, nein, die Kiste kann einiges ab. Es ist dem lockeren Pudersand auf den Wegen geschuldet. Trotz aller fahrerischen Umsicht staubt der Sand der knochentrockenen Forstwege hoch auf.

An ausgesuchten Stellen schleichen wir auf Pirschpfaden zu den Kanzeln und Leitern, trotzdem knackt jedes Zweiglein, Kraut und Gras unter leisestem Tritt – es ist wirklich staubtrocken. Aber das frühlingsfrische Grün der Blätter und Nadeln, der Bäume, Sträucher und Kräuter, noch leuchtet es in tausend grünen Farbnuancen – in Türkisgrün, Flaschengrün, Knallgrün, Hellgrün, Dunkelgrün, Mattgrün, alles grün –, noch ist es wie ein schönstes Kleid aus grünem Camouflage! Selten habe ich die Intensität des Chlorophylls so exzentrisch farbig wahrgenommen.

Das Revier ist ein Traum! Offenkundig pflegt hier ein Kenner, Connaisseur und Könner seinen jagdlichen Beritt, mit Liebe zum Wild, zum Tier, zur Natur und zur Jagd. Der Zauber der Jagd, Thomas lässt sie einen mächtig spüren! Wenige Reviere sind so gepflegt und vorzüglich erschlossen. An den unaufdringlichen, offenen Kanzeln, aus Kiefernrundlingen gesägt, hängen Fledermauskästen und drum herum baumeln Vogelnistkästen an den Bäumen. Salzlecken fehlen ebenso wenig wie Äsungsstreifen dort, wo opportun. Und als liebenswertes und praktisches Detail findet sich in jeder Kanzel mindestens eine Abwurfstange angebracht, zum Anhängen des Jagdgeraffels oder des „grünen Hutes".

Forst und Flora scheinen seit meinem letztmaligen Besuch unverändert. Doch Thomas erklärt: „Seitdem der Wolf vermehrt da ist, haben sich die Tierwelt und das Verhalten des Wildes grundlegend geändert. Das Rotwild rudelt in Großrudeln, gebietsweise bis zu 200 Stück, das Damwild ist mehr als unstet, das Rehwild ist äußerst hastig, wirkt gehetzt und kommt nur noch selten in Anblick!"

Tatsächlich ist zu bemerken, dass dort, wo früher Wild, sogar Schwarzwild, auch am Tage auf den Wildäckern und Äsungsstreifen in Anblick kam, jetzt alles einsam und verlassen zu liegen scheint.

„Und die Muffel?" frage ich besorgt.

Thomas schaut ganz betroffen: „Das einzige reinrassige Vorkommen der Wildschafe Korsikas und Sardiniens auf deutschem Boden, 1903 vom Naturfreund und Großkaufmann Oscar Louis Tesdorpf in der Göhrde ausgewildert, steht vor dem Aus. Die letzten Exemplare werden bald verschwunden sein, das wertvolle Muffelwild der Göhrde ist unrettbar verloren! Ende!"

Jetzt schauen wir betroffen drein. Das also hat der Wolf erledigt.

„Nicht, dass ich falsch verstanden werde", fährt Freund Thomas fort, „der Wolf hat ein Bleiberecht, er war gewissermaßen zuerst da. Aber er muss nicht nur in einer dicht besiedelten Kulturlandschaft genau wie jede andere Tier- bzw. Wildart reguliert werden! Er muss ins Jagdrecht, aber ohne die fiskalische Abwälzung der Schäden an die Jägerschaft, solange interessierte Kreise und die Obrigkeit das unkontrollierte, ungehinderte Ausbreiten des Wolfes und die damit verbundenen Schäden, Kosten und das Tierleid fördern oder auch nur tolerieren."

„Wie ist das möglich", frage ich mich und Thomas, „dass zwei Tierarten wie der Wolf und das Rotwild tierrechtlich so fundamental unterschiedlich behandelt werden? Die politischen und rechtlichen Grundlagen wie unterschiedlichen Rechtskreise sind mir schon klar, was mir aber nicht klar ist: Das Rotwild, unsere größte einheimische Säugetier- und wichtige Weiserart, darf in den meisten alten Bundesländern artfeindlich nur in sogenannten ausgewiesenen Rotwildgebieten leben und wird außerhalb dieser Gebiete gnaden- und sinnlos bejagt. Das leider auch in vielen Staats- und Landesforsten nach dem unseligen Motto ‚Wald vor Wild'. Es ist zur genetischen Verarmung und Gendepression verdammt, weil ein Genaustausch durch die Verinselung nicht mehr möglich ist. Der Wolf dagegen darf sein Verbreitungsgebiet im töricht-teuersten aller bundesdeutschen Freilandversuche, ideologisch und wenig wissensbasiert gefördert, ungehemmt und unkontrolliert ausweiten. Er darf eine ökonomische und ökologische Weidetier- und Deichschafhaltung unmöglich machen und weitere Millionen an Geldern verschlingen – vom ‚erheblichen Tierleid' ganz zu schweigen."

Wir sind am Ende einer Meinung und ziehen Fazit: „Der Wolf ist eine faunistische Bereicherung, aber er muss jagdlich reguliert und kontrolliert werden, sonst verliert er an Akzeptanz weiter Bevölkerungsgruppen, insbesondere derjenigen, die von und mit Flora und Fauna wirtschaften und leben möchten und müssen."

„Was ist denn mit den Füchsen?", will Maxi wissen. „Nicht nur die Muffel verschwinden, auch die Füchse werden weniger. Das liegt aber nicht nur an den Wölfen, sondern auch an den invasiven Marderhunden. Die agieren paarweise, sind dominant gegenüber den

Füchsen und verdrängen Letztere allmählich." Tatsächlich wird als einziger nur Maxi einen Fuchs an allen fünf Jagdtagen in Anblick haben, zwar einen starken Fuchsrüden, mit einer Maus im Fang, der wenige Meter vor der Kanzel „Schöne Aussicht" entlangschnürt. Aber eben nur einen einzigen!

„Im Wald, da sind die Räuber ...", heißt es im Lied. Stimmt schon, aber die Roten nicht mehr so zahlreich, dafür zunehmend die großen und die kleinen Grauen! Trissi wird an der „Tränke-Kanzel" an einem Morgen erst zwei schwarze Sauen und anschließend einen grauen Gesellen, einen Enok, vorhaben. Einen Wolf sehen wir während unseres Aufenthaltes zwar nicht, aber der Nachbarpächter einer anliegenden Feldjagd beobachtet einen Wolf im freien Feld, direkt am Dorfrand. Er sitzt bei Mondschein auf Sauen an, der Wolf arbeitet die nahe Fährte des Schmalrehes, das erst vor wenigen Minuten eilig vorbeigezogen war. Wildes Geschrei vergrämt den Wolf einstweilen – noch. Tempora mutantur, et nos mutamur in illis...

Mein Sohnemann und angehender Jungjäger Tristan und ich schleichen zum Abendansitz zur Kanzel „Captain's Chair". Sie steht in einem Rund, dem kühlen Grund, wo es jetzt aber gar nicht kühl ist. Rechts wächst dichter Kiefernwald an einem Höhenrücken, nach vorne und links in der Niederung steht ein lückiger Bestand von Kiefern, Fichten und einzelnen Birken, darunter beste Äsung von Himbeeren, Brombeeren und allerlei Kraut.

„Es ist sehr schwierig, unbemerkt an die Kanzel zu gelangen. Das Rehwild liebt diesen Ort wegen der guten Äsung, es kann dort überall und zu jeder Tageszeit stehen!", hat Thomas uns mit auf den Weg gegeben. Wir pirschen vorsichtig die achtzig Meter vom geparkten Jimny zur Kanzel, vermeiden jedes Kraut und jeden Stecken. Behutsam setzen wir Fuß vor Fuß, bleiben immer wieder stehen und schauen.

„Pirschen gehen heißt pirschen stehen!", erklärte ich Trissi vorweg. Er folgt dicht hinter mir. Aufmerksam glasen wir das Umfeld der Kanzel ab. Nicht ein Stück ist zu sehen. Endlich sind wir am Fuße der Leiter angelangt, als voraus ein Reh abspringt! Es schreckt und schimpft. Tiefer Bass, ein Bock! Verflixte Tat. Den hab ich doch glatt übersehen. Der Bock, ein schwacher Gabler, so meine ich wenigstens, war auf 120 Schritte hinter einer niedrigen Fichte in Deckung gestanden, wo ich ihn nicht sehen konnte. Jetzt meckert er unaufhörlich im sicheren Schutz des Kiefernwaldes und verabschiedet sich weiter nach vorne und über den Hügelrücken.

„Vielleicht gibt er uns die Ehre und kehrt nach einer Weile zurück", raune ich Tristan über die Schulter zu. Mein Junge schaut mich fragend an. Anscheinend hat er den Gabler gar nicht gesehen. Egal. Wir entern erstmal die Leiter auf, schließlich ist es der „Captain's Chair" und wir nehmen gewissermaßen auf der Brücke Platz.

„Hast du den Bock schrecken hören?", flüstere ich meinem angehenden Jungjäger ins Ohr.

Er schaut mich wieder fragend an. „Ich hab nur einen bellenden Hund gehört."

Trissis Antwort verblüfft mich mittelschwer, macht mich aber grinsen. Eigentlich sollte er weiter sein, nach all den jagdlichen Erfahrungen in der Vergangenheit. Offensichtlich nicht. Zu seiner Ehrenrettung sei gesagt, dass der Bock in der Tat wie ein bellender Hund geklungen hat. Nun denn, jetzt weiß er, wie sich ein schreckendes Reh anhört.

„Ob der Gabler wohl zurückkommen wird? So nach einer Stunde?", frage ich mich. Aber ganze zwei Stunden verrinnen, ohne dass wir auch nur ein Haar zu Gesicht bekommen. Die Zeit wird uns lang. Wohl unterhalten uns rätschende Eichelhäher, Dompfaff und Dompfäffin hupfen von Ast zu Ast, einige Kohlmeisen turnen im Gezweig, ein Zaunkönig schimpft im nahen Gesträuch ob unserer

Gegenwart, aber Jagdbares ist und bleibt rar. Ich sinne darüber nach, wie ich den Gabler oder einen Bock vor die Büchse locken kann, aber es ist ja nicht Blattzeit, in der man mit allerlei „G'schrei" den geilen Bock verführen und vorführen kann.

„Wenn der Bock nicht zum Jäger kommt, dann muss der Jäger zum …", denke ich gerade und will mir Gedanken machen über das Wie, da zerreißt plötzlich ein ohrenbetäubender Laut die relative Stille des Waldes. Es reißt mich fast vom Sitz: ein Rülpser! Tristan hat gerülpst! Und was für ein Knaller!

Erschrocken drehe ich mich zu Tristan, um erzieherisch auf ihn einzuwirken und ihn ob der unmanierlichen wie jagdlich ungebührlichen Lautäußerung zu ermahnen, da sehe ich aus dem Augenwinkel links einen Fetzen roter Decke aus der Dickung hervorpreschen! Keine vierzig Schritte entfernt. Dann verhofft das Reh! Potz Donner! Das muss von mir unbemerkt eine Weile schon im Busch gestanden haben. Ob es der Gabler ist?

Meine Ermahnung entfällt, stattdessen nehme ich hurtig den Feldstecher vor die Augen. Das Reh steht halb verdeckt hinter einem Brombeerstrauch, aber so, dass weder Geschlecht noch Alter auszumachen sind.

„Mach doch bitte ein paar Schritte vor!", bete ich gerade, da rülpst Trissi abermals, nicht ganz so laut wie beim ersten Mal, aber laut und vernehmlich!

„Mann, Trissi …!"

Aber das Rülpsen zeigt Methode, zeigt deutliche Wirkung, das Reh macht die gewünschten Schritte nach vorn – es ist der Bock, den wir beim Angang verprellten. Er muss sich klamm und heimlich im Bogen um uns herumgeschlichen haben. Er passt!

Vorsichtig nehme ich meine Büchse auf, die noch, Gott verbitt, in der Kanzelecke steht, zwei zu lange Stunden der Ruhe und Muße! Aber offensichtlich nehme ich sie nicht vorsichtig genug auf, der

Bock springt ab. Tristan rülpst erneut, und Potztausend, der Bock verhofft auf Sprintdistanz.

Durch das Zielfernglas sehe ich, dass er spitz nach vorne steht, er blickt zurück zur Kanzel, jetzt ist Eile geboten. Aber Blatt und Trägeransatz sind von einigen Zweigen verdeckt, ich kann nichts machen, ohne ihn zu Schund und Schand zu schießen. Rien ne va plus, selbst die Rülpser-Methode hülfe nun nichts mehr, der Bock ist zu alarmiert.

Tatsächlich schweigt Trissi, er rülpst einmal nicht. Also doch so etwas wie Jagdverstand bei dem Bengel! Dann flüchtet der Bock nach vorne und verschwindet hinter dem Wurzelteller einer ge-

stürzten Birke im Dunkel des Kiefernwaldes. Und dunkel wird es jetzt allenthalben.

Ich sichere die Büchse, stelle sie in die Kanzelecke und blicke zu Trissi. Der schaut mich mit einer Mischung aus Erwartung, Schuldbewusstsein und Keckheit an: „Ich weiß, Papa …“, beginnt er und will sich wohl wegen der Rülpser-Entgleisung entschuldigen, aber ich grinse breit, umarme und unterbreche ihn: „Schon gut, Trissiboy, dank deiner Rülpserei hätten wir den Bock fast bekommen. Alles gut! Leider konnte ich ihm nichts antun! Aber deine Rülpser-Methode ist schon genial!“

Wir lachen erleichtert und klatschen uns auf die Schultern. Da kann ein alter Hase von einem jungen Dachs doch noch etwas lernen. Bei nächster und diffiziler Gelegenheit werde ich selbst die Rülpser-Methode ausprobieren, sozusagen als heiliges Mittel zum Zwecke der Bockerlegung – Moral, Ethik und Etikette hin oder her.

Und in diesem Sinne: „Grazie mille, Signore Machiavelli.“ Und: „Waidmannsheil, Tristan, ich danke dir für deine famose Rülpser-Methode!“

Gebirgsjagd einmal anders

Der Bergbock

Präzise Organisation und Vorbereitung sind für erfolgreiches Jagen hilfreich. Manchmal genügt das aber nicht, denn da gibt es die nicht planbaren äußeren Einflüsse. Damit sind ausnahmsweise einmal nicht die mitunter erheblichen Widerstände durchaus liebender wie liebevoller Ehegattinnen oder Partnerinnen gemeint. Nein, hier ist die Rede von einer noch höheren Macht – dem Wetter als ultimativem Regulativ.

Wir hocken recht beengt auf einem Sitz. Wohlgemerkt, einem jagdlichen Sitz. Genauer gesagt, wir hocken auf einer offenen Kanzel. Im Österreichischen, im Bezirk Murau. Oben im Berg. Beengt wegen der dicken Klamotten bei unerwarteter Kälte! Ein tief verschneiter Nadelwald umgibt uns. Fette Schneeflocken schweben vom Himmel und vermehren die weiße Pracht auf Bäumen und am Boden. Schwer lastet der Schnee auf Ästen und Zweigen. Vor uns die felsen-schroffe Klamm, in der das Wasser zu Tale rauscht. Wir blicken in den gerodeten Gegenhang und glasen die steile, verschneite Fläche nach Leben ab, nach Wild, nach Gamswild. Nichts tut sich, still und starr ruht die Flur.

In der Tat könnte man annehmen, lieber Leser, es präsentiere sich diese Szenerie in der Weihnachtszeit, am frühen Nachmittag, im tiefsten Winter. Weit gefehlt! Nachmittags ist es der Uhrzeit nach schon, aber es ist Mitte September. Mitte September! Und die Steiermark ist von einer dicken Schneedecke eingehüllt, eben wie mitten im Winter. Wieder einmal, muss ich ergänzen. Dabei sind dergleichen frühe Wintereinbrüche nicht die Norm, nur scheine ich das Glück oder Unglück zu haben, ausgerechnet an frühen Wintereinbrüchen im Steirischen auf Jagd gehen zu wollen. Bei aller Schönheit der verschneiten Bergwelt – wird man von den Unbilden des Wetters mehr oder weniger unvorbereitet überrascht, können diese Kapriolen das jagdliche Vergnügen unter Umständen heftig trüben. Insbesondere im Gebirge.

Vor ein paar Stunden haben wir in einem beizeiten wintertauglich gemachten, geländegängigen Pick-up auf dem Waldweg nach oben fahrend aufgeben müssen. Trotz Höherlegung, trotz bester Winterbereifung und Schneeketten, die noch eilig wegen des heftigen Schneefalls am Morgen aufgelegt worden waren, endete die automobile Reise in die winterliche Bergwelt jäh. Eigentlich wollten wir zur Hochalm, auf die Matten oberhalb der Waldgrenze. Doch der massive Schneewall, der sich vor Kuhfänger und Motorhaube aufbaute, war irgendwann unüberwindbar, und so ließen wir den Geländewagen stehen und begaben uns im knietiefen Schnee auf Schusters Rappen zur Kanzel. Ehrlich, was gibt es Schöneres, als im tief verschneiten Wald zur Jagdeinrichtung zu stapfen. Aber Mitte September?!?

Und da hocken wir nun und warten auf einen schwarzen Bock. Einen Gamsbock! Wir, das sind der Jagdführer Gerald und meine

Wenigkeit. Gerald ist der zuvor schon mehrfach erwähnte, älteste Sohn meines Freundes Hans. Und da Bauunternehmer Hans beruflich verhindert ist – sämtliche Bauherren wollen die im Bau befindlichen Häuser vor Einbruch des Winters winterdicht haben –, führt mich Gerald anstelle seines Vaters auf den Berg zur Jagd. Genau genommen in die gigantische Bergwaldjagd seines steirischen Arbeitgebers.

Ein Gamsbock und männliches Rehwild sind freigegeben – mir steht der grüne Sinn primär nach Gams, also waidwerken wir gemeinsam auf einen Gamsbock. Beziehungsweise auf einen schwarzen Gamsbock. Obwohl es Rotwildzeit, Brunftzeit ist; aber wir sollten und wollten ja auch weit oberhalb der Einstandsgebiete des Rotwilds jagern …

Gemeinsam jagen, das macht Freude. Gerald macht mir Freude, er ist ein hervorragend geschulter Forstwirt und erfahrener Jäger. Im Aussehen erinnert er an den bayrischen König Ludwig II. Allerdings und gottlob ohne dessen fatale Disposition und Depression! Es macht einfach Vergnügen, von Gerald geführt zu werden und mit ihm zu jagen. Er ist trotz seines jugendlichen Alters ein Könner, ganz wie der Papa. Und das schreibt einer, der die geführte Jagd gar nicht so mag. Aber hier ist es anders! Hier ist es gut, denn von kunstreichen und wissenden Profis lerne ich mit Freude, lasse mich gerne leiten und anleiten.

Die Kanzel, auf der wir gerade hocken, ist nur ein jagdliches Ausweichquartier, eine Notlösung. Es ist dies dem Wetterumschwung geschuldet. Denn eigentlich wollten wir wieder auf die Hochalm, droben am Berg, um diesem besonderen Gamsbock nachzustellen und ihn, wenn möglich, auf die dunkle Decke zu legen. In den vergangenen Tagen hatten wir bei Kaiserwetter auf der Alm und auf den umliegenden Matten auf den schwarzen Bock gelauert, dort, wo er sich gegenwärtig herumtrieb.

Alt ist er, etwa fünfzehn Lenze trägt sein Buckel, im Rahmen zwar nicht allzu stark, aber seine Schläuche sind besonders, sie sind kurz, dick, lang gehakelt und ausgesprochen dickknuffig an der Basis. Eben ein besonderer Bock. Auch, weil seine Maske ganz schwarz ist. Alles in allem eine begehrenswerte, jagdbare Beute. Und ein mit allen Gebirgswassern geseifter Bock – alt, erfahren, schlau und dreimal durch jeden Luser gekniffen.

Wir hockten mal hier, mal dort, in einem Schirm, in Fels, am Grat, am steilen Wechsel, mal pirschten wir, dann wieder nicht, waren „im Frühtau" bereits im Berg zum Überriegeln. Der Gamsbock kam insgesamt dreimal in Anblick, aber einmal äugte er doch auf uns herab (und das wohl im doppelten Sinne des geschriebenen Wortes) und machte „eine lange Nase", ein andermal bekam er Wind von uns und dann wieder stand er in Deckung einer Föhrengruppe und wir liefen ihn fast über den Haufen, weil wir gerade Scharwild beobachteten und davon abgelenkt waren – der Gamsbock flüchtete in rasender Hast ins Kar. Täuschen und tarnen, das beherrschte er. Der Bock war uns einfach über. So kam ich nie nicht zu Schuss.

Doch einmal musste es klappen, das sagt die Erfahrung: Der Jäger unverzagt ... Wenn man soundso oft aufeinandertrifft, dann trifft die Kugel eines Tages, sofern man eine sichere Kugel schießt. Wir hatten aber nicht mit dem plötzlichen und derben Wetterumschwung gerechnet. Wohl hatte der meteorologische Dienst vor einer Wetterverschlechterung, aber nicht vor einem polaren, massiven Wintereinbruch im September mit Schneefall ohne Ende gewarnt.

Gerald wusste zudem zu erzählen, dass schon diverse Jäger auf diesen besonderen Bock gejagt hätten, auch sein Chef! Aber der schwarze Teufel war noch immer Sieger geblieben. Sofern man hier überhaupt von „Sieger" und „Besiegtem" schreiben mag. Aber der

Gams hatte eben die, die ihm nachstellten, wahrlich dämlich aussehen lassen. Insgeheim hoffte ich, dass ich dann mal herrlich aussehen mochte!

Jetzt harren wir also des schwarzen Teufels, und ich sinne darüber nach, ob er wohl wirklich seinen Einstand hierhin verlagern wird, wie Gerald behauptet. Sinn möchte es machen, denn um von den alpinen Matten in den tiefer gelegen Bergwald zum Schutze vor Eis und Schnee zu gelangen, ist der kürzeste und direkte Weg der durch die schmale Klamm, und da müsste er notgedrungen im Gegenhang vorbeikommen. Darüber steht eine unpassierbare Bergwand, darunter der tiefe Bacheinschnitt, und erst gegenüber unserer Kanzel verbreitert sich das Tal zum Gegenhang, sodass die Gamsen und der Gamsbock kommod in den Bergwald gelangen könnten. Wenn der Bock denn nur wollte. Denn es bliebe noch das Ausweichen über den hohen Grat zu den jenseits des Bergkammes gelegenen Einständen. Aber diese Alternative ist die beschwerlichere, da die schützenden Einstände weiter weg und viel tiefer liegen. Also möchte ich Geralds Prophezeiung Glauben schenken.

Als ich in Glauben und Gedanken versunken bin, stößt Gerald mich an und deutet mit dem Kinn nach oben in die rechte Ecke des Gegenhangs. Nur Flockenwirbel sehe ich, Weiß auf Weiß ist immer noch Weiß, aber plötzlich ist da eine Bewegung, eine dunkelgraue Bewegung im Weiß: Da kommt was! Tatsächlich staksen drei, vier, dann fünf Gams über den verschneiten Hang hinunter nach links. Es sind Geißen mit Kitzen und Jährlingen.

Kein Bock, der Bock ist nicht dabei. Ein toller Anblick ist es dennoch. Die jungen Dinger tollen übermütig im Schnee. Man sieht ihnen die pure Lust am beschwerdefreien Dasein an. Wenn sie nur wüssten … Nur die alten Damen bringen gelegentlich Ordnung in das Spiel der Rangen, sichern dabei aufmerksam in alle vier Himmelsrichtungen. Und dann zupfen sie hier und da an Gräsern, die noch aus dem Schnee heraus stehen, scharren den Schnee beiseite, um von den erdständigen Leckerbissen zu knabbern. Schließlich ziehen sie zu Holze und verschwinden im Nadelwald.

Wieder ist alles stille, bis auf das Rauschen des Baches. Gerald möchte die letzte halbe Stunde Licht noch nutzen, vielleicht käme der Bock ja hinterdrein. Aber der tut uns den Gefallen nicht, jedenfalls nicht, bis wir bei Dunkelheit abbaumen und zum Wagen stapfen.

Nächsten Tags hocken wir wieder auf der Kanzel. Über Nacht hat es aufgehört zu schneien, nun geht dafür ein Wind, aber die Kahlfläche liegt in Lee der Steilwand, das die steife Brise abhält oder hoch oben über uns gehen lässt. Das verspricht guten Anblick! Oben am Grat, hoch über uns im stahlblauen Himmel, sehen wir ab und an Schneefahnen wehen, da ist es jetzt sehr ungemütlich. Folglich müsste alles Wild Schutz weiter unten suchen oder gesucht haben.

Ich hänge wieder meinen Gedanken nach, wo wohl der schwarze Gamsbock wirklich stecken mag, ob er nicht doch schlauerweise den unbequemeren, dafür aber sichereren Pfad über den Grat genommen haben mochte. Oder ob er sich hat einschneien lassen, denn wiewohl recht viel Schnee in kurzer Zeit gefallen sein mag, so wird ihn seine Erfahrung wissen machen, dass dieser Wintereinbruch nur von kurzer und vergänglicher Natur sein wird. Und ich denke darüber nach, wie hart Wild ist, aber im Besonderen das Wild der Berge, das jahrein und jahraus, tagein und tagaus, sieben Tage in der Woche und vierundzwanzig Stunden am Tag dem Wetter trotzen muss: Hitze und Kälte, Nässe und Trockenheit, Windstille und Sturm, Licht und Schatten …

Plötzlich Bewegung in der Blöße: Fünf Gamsen ziehen am oberen Rand des Bergwaldes auf die Fläche, es sind zwei Geißen mit ihren Kitzen und ein Bock, ein junger Bock! Sie scharren die Kräuter frei, die unter der Schneedecke versteckt liegen. Das geht so eine gute Stunde, dann zieht das Wild zu Holze und lässt uns allein mit unseren Gedanken. Was wohl die Rotwildbrunft macht? Manchmal ist in der Ferne das Orgeln der Hirsche zu hören und ich denke vergnügt an die letzte Brunftjagd im Berg.

Nach einer Weile, wir sitzen schon einige Stunden in der Kälte und die nagt mächtig am Gebein, da knackt es hinter uns, unzweideutig trotz des rauschenden Wassers. Und nochmal knackt es, etwas leiser, aber unverkennbar. Langsam dreht Gerald seinen Kopf in die vermeintliche Richtung des Geräusches. Ich bleibe vorsichtshalber still sitzen, rolliere nur die Augen, aber die Spannung zerreißt mich förmlich. Gerald macht mit Zeichensprache klar, dass etwas „Gehörntes" hinter dem Hochsitz sei, und er flüstert „Bock" und macht den Daumen hoch und den Zeigefinger nach vorne: Schießen!

Ich denke sofort an den schwarzen Gamsbock. Also hat ihn sein Weg doch hierhin geführt. Aber wie ist er nur über die Klamm gekommen? Dafür müsste er viel weiter nach unten ins Tal und rübergewechselt sein. Egal!

Ich kann den Bock noch nicht sehen, denn ich sitze links von Gerald, und Gerald schaut unentwegt über seine Schulter nach rechts hinten, bald möchte er seinen Schädel abschrauben. Dann dreht er seinen Kopf langsam, blickt nach schräg vorne, demnach müsste der Gams sich dahin bewegen. Hören tue ich nichts, die Schneedecke dämpft jeden Schritt und Tritt. Und das Wasser rauscht in der Klamm und das Blut in meinen Ohren! Ich schiele dahin, wo Gerald hinguckt.

Aus dem Augenwinkel sehe ich, dass dessen Augen groß sind wie Untertassen, er glotzt geradezu, man möchte meinen, er habe Stielaugen. Was er sieht, sehe ich immer noch nicht. Diese Spannung macht mich irrsinnig, ich zittere am ganzen Körper, der Sitz vibriert, Gerald bedeutet mir, ruhig zu bleiben – erst mal können vor Jagdfieber und Anspannung! Und dabei zittert er selbst.

Der schwarze Gamsbock, er ist ja auch etwas ganz Besonderes! Langsam hebe ich meine Kipplaufbüchse auf die Brüstung, ganz langsam! Den Gamsbock kann ich trotz allen Schielens und Stierens nicht erblicken, aber sollte er seine Richtung beibehalten, so müsste er gleich in Anblick kommen. Allerdings dreht Gerald seinen Kopf nicht weiter. Und ich höre ein Scharren, offensichtlich schlägt der Gams die Bodenvegetation frei und äst. Gerald macht vorsichtig, aber energisch Zeichen, ich solle endlich fertig werden. Fertig bin ich, so oder so – dieses Warten, ohne etwas sehen zu können, ist nervenaufreibend.

Jetzt knackt es wieder. Laut und deutlich. Und sehr nahe. Und dann, dann glotze ich genauso wie Gerald, meine Augäpfel kullern bald aus dem Schädel: Rechts vor der Brüstung erscheint das Haupt des Bockes! Eines kapitalen Rehbockes! Dunnerlittchen! Da ist ein Prachtbock, einer von denen, die man nicht alle Tage sieht oder erlegen darf oder kann. Gerald macht wieder das Handzeichen für „Schießen", aber von meiner Warte ist der Bock noch verdeckt, das wird so nichts! Der Rehbock muss noch drei, vier Schritte vor tun, dann wird es passen. Endlich tut er mir den Gefallen, nun aber steht er spitz und zeigt sein Weidloch. Ich bin drauf, der Bock schlägt den Schnee beiseite und äst vom Kraut. Wenn er sich jetzt breit stellen wird, dann sollte es passen!

Und er stellt sich schräg, aber hinter einer dicken Fichte. Ich sehe jetzt nur noch seine Kruppe. Verflixt! Das Jagdfieber schüttelt und rüttelt, Gerald schaut mit weit aufgerissenen Augen zu mir, wohl um zu prüfen, ob ich noch alle Jagdtassen beisammen hätte. Die hab ich beisammen, nur kann ich dem Kapitalen nichts antun. Er steht verdeckt. Gerald guckt mit einem Male nach vorne, aber nicht zum Rehbock, der steht schräg rechts. Wieso guckt er in den Gegenhang?

Ich blicke unverwandt zum Rehbock, der macht jetzt einen Schritt vor. Noch nicht genug, er muss noch einen Schritt tun. Nur einen einzigen! Gerald guckt wieder zum Rehbock und dann wieder in den Gegenhang. Was hat er denn? Er macht mich nervös mit seiner Hin- und Herguckerei. Sonst ist er immer die Ruhe selbst.

Der Bock tut den einen Schritt. Er steht immer noch schräg, aber so könnt es gehen! Was für ein Rehbock! Da wirft er auf, er äugt zur Kanzel, der Schuss bricht, und der Bock sinkt tödlich getroffen in den Schnee, schlegelt zwei-, dreimal, dann Ruhe. Er liegt in seiner Fährte, keine zwanzig Schritte weg. Hosianna in der Höhe!

Zitternd will ich nachladen, da fasst mich Gerald an den Arm und deutet zum Gegenhang, und ich sehe eine Bewegung, eine Wildbewegung. Eine Gams flüchtet nach oben, verhofft an der rechten Kante und äugt zurück. Im Glas erkenne ich den schwarzen Gamsbock, den Gesuchten! Sapperlot! Das darf nicht wahr sein! Dann verschwindet er in der Klamm. Erst jetzt bricht es aus Gerald heraus: Waidmannsheil! Ich bringe, von der Fülle der Ereignisse überwältigt, stotternd ein Waidmannsdank heraus. Wir fallen uns in die Arme: Ein herzliches Waidmannsdank dir, Diana, und dir, lieber Gerald! Und dem Wetter sei Dank!

Dieses außergewöhnliche Ereignis, dieser ganz besondere Rehbock sind es allemal wert, einen herausragenden Platz in meiner Erinnerung gefunden zu haben. Und ich weiß nicht, ob ich jemals einen anderen Bock unter ähnlich kuriosen Bedingungen zur Strecke bringen werde, bringen darf. Oder bringen will! Mehr geht eigentlich nicht.

Der schwarze Gamsbock, dieser andere ganz besondere Bergbock, der eigentlich das Ziel meines Trachtens, meines jagdlichen Begehrens war, dieser Gams ist nie mehr gesehen worden – in keiner Wand, an keiner Wand, in keiner Hand. Möge er anderswo immer noch seine Fährte ziehen. Ich wünsche es ihm.

Fuchsranz ist Fuchstanz

Von vielen Füchsen und fiesen Verlusten

Mit „Verlusten" sind in der Überschrift nicht etwa die Opfer des roten Freibeuters gemeint, sondern die zahllosen, vom Jäger vertanen Chancen auf ihn. Sei es Reinekes sprichwörtlicher Schläue, der Unbilden des Wetters oder der eigenen Dämlichkeit wegen – viel zu viele Füchse entgehen des Waidmanns Nachstellungen. Vertane Chancen tun dem Reiz der Jagd auf den Fuchs allerdings keinen Abbruch. Im Gegenteil, sie spornen an!

Unter „vertane jagdliche Chancen" verstehe ich auch nicht die Jagd auf Schalenwild, bei der zufällig – sozusagen als „Beifang" – der eine oder andere Fuchs zur Strecke kommen mag oder eben nicht. Nein, ich meine die vielen Verluste bei Jagd, die gezielt dem Fuchs und Raubwild gilt, bei der Pirsch, der Lock- wie der Luderplatzjagd, im und am Bau.

Gestern Abend auf dem Böhl im Sauerländischen – es ist Jänner 2018, und es ist Fuchsranz! Gleichwohl die Ranz bis dato eher laut-

und lustlos ablief. Oder eben noch gar nicht. Wer weiß das schon so genau. Jedenfalls ist heuer noch kein Fuchsgeschrei zu vernehmen gewesen und das Wetter kontraproduktiv – stürmisch und regnerisch.

Ich sitze also auf dem Böhl, genauer gesagt, ich hocke auf der Dachsbaukanzel. Es ist dies eine der eher geräumigen Einrichtungen im Beritt, empfehlenswert am Waldrand positioniert, zur Linken liegt in einer kleinen Wiesenbucht wie auch im anschließenden Birkenstrauch der namensgebende Dachsbau. Der „Böhl“: eine große, durch einen Feld- wie Schotterweg geteilte Wiese, die, von Fichtenwald umringt, nach links zum Forst hin ansteigt, nach rechts ins schroffe Tal abfällt.

Am linksseitigen Ende des Böhls, in einem engen Bogen, dort wo der Feld- zum Waldweg wird, steht, malerisch vor Fichten und Hang gelegen, im stillen Wieseneck, ein einsames Anwesen. Es ist schmuck: Das rote Haupthaus und das natursteinerbaute Nebengebäude sind bestens renoviert und liebevoll gepflegt, Fenster und Fensterumrandungen kontrastreich in Weiß gehalten. Das Gehöft ist eine Augenweide, geradezu hervorragend in die Landschaft eingepasst. Ein Kleinod, ein Juwel in Alleinlage! Jedoch – ich habe kein Aug' für Schönheit, Reiz und Anmut von Gebäude und Gegend!

Meine Laune ist mehr als dürftig, missmutig passte begrifflich weitaus besser. Denn seit ich abends um halb sieben Uhr aufgebaumt bin, ist der Wind aus Südsüdwest mal wieder äußerst nachteilig für das Geschäft der Fuchsjagd. Dafür nimmt er aber zu …! Und, der holden Göttin der Jagd Diana sei Dank, das bescheidene Mondlicht nimmt unter dichter werdender Wolkendecke ab. Herrje, Gott im Himmel! Was soll ich hier?! Am hiesigen Platz erlegte ich vor Wochenfrist einen prallen Rüden. Es gab ausnahmsweise einmal Schnee! Aber jetzt? Der Schnee fort, ist die Gegend öd und leer wie die Aussicht.

Es ist 18 Uhr 40, ich wälze den Gedanken, zur jenseitigen Waldkante auf die einen viertel Kilometer entfernte Schlafkanzel zu wechseln, von jener ist bester Einblick in das schroffe Tal, wo sich gerne die Sauen im Schlagschatten der Bäume tummeln, schummeln und auch bummeln, dort würde zudem der Wind besser passen, da, ja da knurrt es links vorne im Gestrüpp! Kurz, aber laut und vernehmlich! Ein keckernder Marder, denke ich zunächst. Aber das Knurren wird von Gebell abgelöst – ein Fuchsrüde also, er bellt, sehr nah, sehr laut, sehr heiser! Im dichten Strauch und Strupp steht er, dicht vor der Kanzel, ruft nach seiner Gespielin. Sein heiseres Lied schallt solchermaßen laut, dass das Echo widerhallt vom hohen Wald.

Eine unheimliche Stimmung, so nah steht der Fuchs und ist doch nicht zu sehen. Ich bin gespannt wie ein Flitzebogen. Gänsehautatmosphäre! Er bellt und bellt, hält an seinem Standort fest, bis kurz vor 19 Uhr. Da verstummt sein Ruf. Blöderweise habe ich Ranzlocker und Kaninchen- wie Vogelklage zu Hause vergessen, wobei Letztere eher weniger ausrichten würden. Ich muss wohl oder übel warten, bis der Rüde sich in Bewegung setzen wird, und denke, er wird oben am Waldweg rauskommen, oberhalb des Birkengestrüpps, links von der Salzlecke.

Ich richte mich also ein, gehe in Anschlag, da schießt genau dort eine Fähe heraus und verschwindet im Nu rechts von der Salzlecke im Forst. Potztausend noch mal! Die ist wohl noch wenig willig. Der Rüde – anscheinend ja andern Sinnes und Willens – dem Weibe hin-

terher, heiser bellend, doch bleibt er gedeckt im Fichtenwald. Unsichtbar, nämlich in Deckung des Geländes, geht die Liebeshatz weiter und im Uhrzeigersinn um meinen Sitz herum. Das liebestolle Bellen verrät den Minnesänger. Sehen kann ich ihn nicht.

Der Rüde steht jetzt unterhalb der Kanzel, wohl am Waldweg an der Forstschranke, etwa dort, wo mein Auto geparkt ist. Das einsetzende Kirchengeläut der Abendmesse und das Bellen des Rüden sind sehr laut, es hat den Anschein, ein Getöse wolle das des anderen übertönen. Locken wollen und sollen wohl beide ... Dann verstummen Glocken wie Fuchs, es ist 19 Uhr fünf. Er bleibt stumm, unhörbar und unsichtbar – Fuchs Finis. Gebannt lausche ich in die Stille, glotze in die Diese, versuche, das Unhörbare hörbar, das Unsichtbare sichtbar zu machen. Meine Ohrmuscheln mutieren zu Elefantenohrlappen, meine Pupillen zu Untertassengröße – allein, es hilft doch gar nichts. Die Bühne ist und bleibt leer.

Nach allgemeiner wie spezieller Lehrmeinung kann man Füchse weder heranhören noch herbeisehen. Herbeisehnen schon, auch herbeilocken. Junge, Junge, wo sind meine Locker nochmal?!? Aber im Busch tut sich was. 19 Uhr 40 zeigt mein Chronometer, da keckert eine Fähe links vorne in den Birken, wahrscheinlich ist es die Unwillige. Sie keckert und kreischt energisch, und nun bellt dort auch der Rüde, quasi auf Tuchfühlung. Das Gekeife ist heftig und wild und laut und nah, entschwindet dann nach links, wird leiser und verstummt nach zehn Minuten. Ein Königreich für einen Locker!

Der Wind wird ärger, das Licht schlechter. Frustriert baume ich um 20 Uhr 30 ab und wechsle zur gut 250 Meter entfernten Schlafkanzel, weil ich denke, dass sich hier der Wind vielleicht besser verweht. Verweht hat auch Wintersturm „Friederike“ eine mächtige Fichte, vor ein paar Tagen und direkt hinter der Schlafkanzel – die Baumleiche liegt da, mit hochgeklapptem Wurzelteller, zwei Meter neben dem Sitz. Ein Treffer wäre teuer geworden!

Tatsächlich ist hier die Brise besser, am hiesigen Waldrand weht ein „Neerstrom“ gegen die Hauptwindrichtung also, die nach rechts ins schroffe Tal geht. Recht unmotiviert sitze ich, denn das Gebraus nimmt weiter zu und das Licht weiter ab. Bange geht mein Blick zu den drei Fichten, die, auch vom vormaligen Sturm erfasst, nun in den Wipfeln der Nachbarn hängen, glücklicherweise weggeneigt von der Kanzel! Nicht ganz so wachsam blicke ich in die Gegend. Das rächt sich zumeist – auf der Fuchsjagd immer! Es ist 20 Uhr 58. Ein Blick nach links durch das geschlossene Fenster – geschlossen, weil ja von links nichts kommen kann – da liegt direkt an der Kanzel auf zehn Meter ein Fichtenast in der Wiese. Allerlei Fichtenzeug liegt von „Friederike“ hier so herum. Aber der? Moment mal, der lag da doch eben noch nicht?!

Glas hoch, und der tote Fichtenast wird zum lebenden Fuchs. Den Drilling brauche ich nicht hochzunehmen, denn das Fenster ist geschlossen, der sichernde Fuchs hat durch den „Neerstrom“ nunmehr Wind und geht mit steiler Standarte und mächtig Gas ab ins schroffe Tal! Weg ist er. Gottseidank sieht mich niemand, sieht keiner meine dämlich-dumme Grimasse.

Es schlägt 21 Uhr. Gespannt und nunmehr aufmerksam blicke ich durch den Feldstecher ins schroffe Tal. Da sehe ich zwei oder mehr schwarze Punkte im Gras, recht weit weg, etwa 140 Meter. Fichtenzeug oder Wild? Aber nein, die Punkte bewegen sich. Es ist derartig grenzwertiges Licht, dass ich beim besten Willen nicht erkennen kann, was sich da an Wild tummelt. Zuerst denke ich an Rehe. Die Punkte sind schwarz, manchmal grau, wenn sie „aufsteilen“, dann bewegen sie sich auf der Stelle im Kreis. Also denke ich an rauschende Sauen, das Graue ist wohl der aufreitende Keiler, und jetzt meine ich auch, durch das Rauschen der Windböen das Wetzen und Klappern des Keilers Waffen zu hören. Ansonsten ist es mucksmäuschenstill.

Das Ganze geht so zwanzig Minuten, immer auf derselben Stelle, immer im Kreis, das Licht ist miserabel, nix Genaues ist auszumachen, wie ich mich auch mühe. Zeitweilig muss ich das Glas absetzen, um meine von der Anstrengung des Glotzens tränenden Augen zu beruhigen. Ruhig bin ich nicht! Rehwild habe ich inzwischen ausgeschlossen, und auch die mehreren Punkte auf zwei reduzieren können, aber die vermeintlichen Sauen kommen einfach nicht näher! Plötzlich löst sich die kreisende Gesellschaft auf, die zwei Stücke rasen rechts dem Waldrand zu – flach und langgestreckt wie Füchse, und ich Depp erkenne endlich die ranzenden Reinekes!

Zurück geht die Hatz auf die Wiese. Aber das kreisende Liebesspiel findet nun ein Ende, die schmächtige Fähe schnürt mittenmang talaufwärts. Der mächtige Rüde bleibt, vom heißen Abenteuer ermattet, zurück, sie jedoch kommt meinem Verstecke näher. Ich muss warten, denn noch ist im Zielfernrohr nur graue Soße, kann ich bei dieser Diese und Distanz die Fähe nicht befunken. Nur, wohin die Fähe schnürt, weht auch der Wind, und meine Witterung findet sie offensichtlich wenig verlockend – Malepartus' Gespielin entfernt sich schlauerweise in die Dunkelheit und ward nimmer nicht gesehen …

Den Leserinnen und Lesern wird wohl recht klar sein, dass es der Fuchsbegegnungen einige gab, deren Ausgang aber gar zu häufig nicht das Wohlwollen des Autors fanden und finden. Nicht lange vor dieser Zeit, da sich das Vorgenannte abspielte, saß ich im Dezember anno 2017 auf dem Ameisensitz. Es ist dies eine Kanzel, die ihren Namen von einem formidablen Wohnsitz der hiesigen Waldameise herleitet. Und wie die Ameisen dort emsig ihre Tätigkeit, so will ich dort emsig die meine betreiben – die Jagd auf Fuchs und Kumpanei.

Frust war des ständigen Sturms und Regens ein sicherer Begleiter in den vorangegangenen Tagen gewesen, Artemis hatte sich mit dem Wettergott aufs Ärgste vergrämt. Selbst Meinhard, dieser passionierte, überaus gewissenhafte wie erfolgreiche Raubwildjäger, dieser „brother in crime", seelen- und artverwandt, konnte sich nicht erinnern, jemals so lange erfolglos auf Fuchs und Kumpanei angesessen zu haben. Nun aber, nun schneite es, wenn auch der Wind als unsteter Gesell von links nach rechts und wieder nach links wehte. Der, so werden wir noch sehen, wird eine maßgebliche Rolle spielen. Aber endlich Schnee! Da sollte doch was gehen.

Früh am Abend und voller Tatendrang saß ich nunmehr auf dem Ameisensitz, mollig warm von wollenem Tuch und Filz umhüllt. Der Wind tanzte hin und her, nach dem Flockenwirbel war die Landschaft geweißt, doch schon setzte Tauwetter ein. Allein, noch gab der weiße Leithund Licht und Lust ... Stunde um Stunde verrann, kein Laut mahnte wechselndes oder passendes Wild an, einzig zwei Waldkäuze unterhielten mich mit ihrem Rufen in den nahen Fichten. Aufmerksamkeit wich der Langeweile, Langeweile der Müdigkeit.

Vier Stunden waren ereignislos verronnen, die Uhr zeigte Schlag 22 Uhr 15, da blickte ich einmal mehr und routinemäßig ins lange rechte Eck, dorthin, wo am schräg auflaufenden Krauthang der Fichtenwald beginnt, so drei Dutzend große Schritte entfernt. Potz Teufel noch mal! Was war ich blitzartig wach! Schwarzer Fuchs auf weißem Grund! Wie er geschäftig nach dem Luder grub! Herrliches Bild!

Jetzt musste es hurtig gehen. Denn obzwar mehrere kleinste Luderplätzchen fuchsjagdstrategisch über die gesamte Blöße verteilt waren und im idealen Fall den Fuchs lange beschäftigt hätten, so musste es nun schnell gehen, da der Wind wie beschrieben mal nach links und mal nach rechts wehte. Und nach rechts durfte er auf keinen Fall wehen.

Nun, es sei mir dieses retardierende Moment erlaubt: Hast auf der Hatz ist gänzlich fehl am Platz, weil meist nicht zielführend. In der Ruhe liegt die Kraft. Eine recht einsichtige Tatsache, eben Eile mit Weile. Aber Tatsache ist es auch, dass im Angesicht des begehrten Wildes die Ratio nicht immer über die Emotio obsiegt, dass alle guten und planvollen Vorsätze einem davoneilen, wie es eben zu befürchten stünde, das Wild täte es dem gleich, nämlich davonzueilen, bevor man überhaupt zum Zuge, also zum Schuss käme. Und wie man das Wild vor dem geistigen Auge davoneilen sieht, so wird planvoll-zügiges Handeln von nervös-faselnder Hast verdrängt – das Ende naht mit Schrecken …

Also, die Ausgangslage ist klar: Endlich ist der Fuchs da, endlich ist er auf weißem Grund zu sehen, geschäftig müht er sich am Luder, aber die Angst des Jägers, der unstete Wind könnte der Ruhe ein unwillkommenes Ende machen, lässt ihn patzig werden. Der Drilling wird ausgerichtet – warum steht der Fuchs auch so blöde ganz rechts – ich muss mich vollkommen verdrehen, kann den rechten Ellbogen nicht auflegen, herrje, es muss schnell gehen, es ist zu weit für einen sichereren Schrotschuss (der geneigte Leser wird sich erinnern, dass die Entfernung zum Fuchs sehr wohl im Bereich der guten Schrotschussentfernung lag, aber der ungewohnte Schnee macht es weiter weg aussehen), also wird die Hornet eingestochen, und als der Fuchs breit steht, macht es „Bauz“!

Durchs Feuer sehe ich, Fuchs springt hoch, höre keinen Kugelschlag, meine, den Fuchs zwei Sätze nach rechts flitzen zu sehen. Dann Stille. Was ist das Schwarze da im Schnee? Der Fuchs? Liegt da der Fuchs? Es könnte doch sein, da ist doch das eine Gehör deutlich zu erkennen, aber nein, das kann doch nicht sein, der Fuchs sprang doch ab. Hin und her, wie der Wind, gehen meine wirren Gedanken: Er liegt, nein er liegt nicht, er liegt … Das Schwarze muss doch der liegende Fuchs sein. Ich komme zu keiner wirklichen Erkenntnis, was nun Lage der Dinge ist. Liegt da der Fuchs, denn das Schwarze ist ja vorher dort nicht gewesen?

Fünfundvierzig elende Minuten bleibe ich unschlüssig auf dem Ameisensitz sitzen, derweil eine Armee von bildlichen Ameisen in meinem Gehirnkasten und unter meinem Gesäß krabbelt und kribbelt, denn ich denke an die Möglichkeit, einen weiteren Räuber zu erlegen! Oder sollte ich doch gefehlt haben? Objektiv die Reaktion des Fuchses: unterschossen! Subjektiv aber: Nein, er liegt doch dort im Schnee. Ich muss runter, runter vom Sitz und Klarheit erlangen. These, Antithese, Synthese.

Die erste Erkenntnis: Es hätte für einen Schrotschuss allemal gereicht! Die zweite Erkenntnis: Da liegt kein Fuchs, das Schwarze ist der dunkle Waldboden. Den hat der Fuchs am Luder aufgegraben. Die dritte Erkenntnis ist die Synthese: Fuchs klar unterschossen, gefehlt, vermasselt, verbaselt, vertan die Chance. Kugelriss wie fehlende Schnitthaare und fehlender Schweiß sprechen eine beredte Sprache. Und: Die Fluchtfährte, die ich ausgehe, zeigt bereits nach einem Dutzend Meter im Dickicht einen nach dem ersten Schrecken gemächlich schnürenden Fuchs, fort vom Ort des Geschehens, alle Viere sauber setzend. Wenigstens nicht angeflickt, aber fort ist fort.

Was gibt's noch zu sagen? Dass ich hastig und übereilt geschossen, die Entfernung überschätzt und den Fuchs durch mein Mucken unterschossen habe … Waidmannsgeheul! Anfänger, Depp, Blödmann, Spezialist …

Doch noch ist Fuchsranz, also fahren meine Jungs und ich Anfang Februar 2018 nach Bayern zu Robert und Renate, um dort den roten Räubern gemeinsam nachzustellen. Aber soll ich nun berichten, dass das Wetter bis auf den letzten der vier Tage mit Regen, Wind und Sturm aufwartete, dass ich der schlechten Sicht und des argen Windes wegen zwei ranzende Füchse hinter verschlossenem Fenster am ersten Jagdmorgen verpasste – dort, wo die Füchse am Ackerrain sicher nicht passen würden, denn Füchse passen ja so selten an Ackerrainen und sonstigen Grenzlinien –, dass wir ansonsten keine Füchse in Anblick bekamen, außer am letzten Morgen, endlich Schnee und Frost, an dem ich jedoch nichts, dass Jungjäger Maxi an diesem Morgen endlich sechs ranzende Füchse vorhatte, sich aber nicht traute, bei noch geringem Licht zu schießen? Nein, das werde ich nicht en détail beschreiben, gar zu arg wären des Schreibers Gesichtsverlust wie des Beobachters Bedauern. Oder sollte es Ihnen, liebe Leserinnen und Leser, ganz gegen allgemeine Verlautbarung auf der Jagd, besonders bei der Jagd auf Malepartus, auch schon ähnlich ergangen sein? Nicht möglich …

Nun denn, abschließend sei es gestattet zu vermelden, dass im Februar anno 2018 doch noch Frost, Schnee und Mond im Sauerland Einzug hielten – viel beißender Frost, viel Schnee und satter Mond, und es hätte nur einen der drei Faktoren gebraucht! Welchen Raubwildjäger hielte es da daheim am heimeligen Herd? Weder Meinhard noch mich! Dann, endlich, lagen Fuchs und Marder zur Strecke … Aber das ist eine gänzlich andere Geschichte von Glücksmomenten eines Jägerlebens.

Feen, Fabelwesen, Fantasien

In der Dämmerung

Diese Stunde zwischen Nacht und Tag, und Tag und Nacht, wenn erstes oder letztes Licht die Sinne täuscht, wenn Feen im Dunste kreisen und Kobolde ihr Unwesen treiben, wenn Zwielicht Leben gaukelt, wo gar kein Leben ist, wenn ein Baumstubben zum Lebenskeiler und dann zum Frischling und wieder zum Baumstubben wird – wenn alles das gegeben ist, dann ist's die schönste Zeit der Jagd.

Noch herrscht die Nacht im dunklen Forst, kaum eine Hand ist vor dem Auge zu sehen. Der Mond, in blasses Tuch gehüllt, verbleicht tiefstehend am Horizont, die Sterne verhüllt in Diese und Dunst. Es ist schwülheiß, eine tropische Nacht, und das ganze Land und jede Kreatur ächzen unter wochenlanger Hitze und Dürre, lechzen nach kostbarem Nass, nach Wasser in jeglicher Form. Gelegentliches Gewitter bringt kaum und dann nur lokal Linderung, und überhaupt ist der Boden solcherart ausgedörrt, dass Sturzregen mehr Schaden als Gutes täte. „Vor Tau und Tag …", vor Tag schon, aber Tau ist erst zu einem raren Gut und dann zu einem verschollenen Gut geworden. Teiche, Tümpel, Gräben, sonst Quell des Lebens, sind vielerorts zu staubiger Wüste verkommen, viele Rinnsale ausgetrocknet, selbst Bäche sind versiegt. Fische sterben – Fischsterben!

Täglich verfrachtet Kapitänskollege und Jagdherr Thomas containerweise Wasser ins Goveliner Revier, aber was sind schon tausend Liter gegen die Allmacht der Natur. Die Kamera an der Suhle zeigt: Alles Wild und alles Getier, Freund wie Feind, schöpft, saugt und trinkt gierig das erquickende Lab. Aber die Freude ist von kurzer Dauer, denn bald ist das Löschwasser gebraucht, verbraucht, versiegt. Morgen auf ein Neues, dann wird der Tresen wieder geöffnet!

Pirschstehend schleiche ich in der Schwärze der Nacht den Steig hinan, halte an, lausche, horche, setze behutsam Fuß vor Fuß, fühle mit den Sohlen jede Unebenheit, jedes Zweiglein, jeden verdorrten Halm. Das zu Pfingsten noch satte Grün des Blaubeerstrauchs ist versengt zu einem ockergelben, braunen Strunk – eine vermeintliche, fatale, verfrühte Herbststimmung im langen, heißen Frühjahr und Sommer anno 2018 möchte man meinen, wäre es nicht so unsäglich heiß. Dass ich den Steig kenne, hilft, ihn einigermaßen leise zu begehen. Keinesfalls will ich die starke LED-Funzel benützen, damit wäre es ein Leichtes. Aber alles Wild wäre gewarnt, wäre weg und über die Hügel der Göhrde entschwunden – die Sauen allemal, und Rot- wie Damwild unziemlich vergrämt. Die Feiste steht an.

Anstrengung und Nachthitze treiben mir trotz leichtester Bekleidung Schweißperlen aus allen Poren, die tastende Gangart und die stehende Luft fordern Tribut. Trotz aller Umsicht knackt manchmal ein trockenes Zweiglein – jedes Mal bricht mir der Schreckensschweiß aus. Meine Zunge klebt am Gaumen und das Haupthaar unterm Strohhut in der Stirn. Was ich im Rachen an

Flüssigkeit zu wenig habe, läuft in Strömen an mir herunter. Selbstgemachtes, selbstgewolltes Leid!

Noch ist kein Vogellaut zu vernehmen, außer dem des Waldkauzes. Gelegentlich raschelt und huscht etwas im knochentrockenen Kraut und Laub, selbst den Mäusen fällt es schwer, einigermaßen geräuschlos zu sein. Der Boden ist, trocken und gespannt wie ein Trommelfell, ein einziger Resonanzkörper.

Endlich und Gott sei Dank ohne größere akustische Maläsen erreiche ich mein Ziel – die Kanzel „Toten Mannes Kiste". Schwarz steht sie in den dunklen Himmel, ich sehe sie also nicht, ich erahne, dann fühle ich sie. Die Leiter hoch, und als ich schweißgebadet oben Platz nehme, bin ich irgendwie froh und erleichtert, den Pirschsteig erledigt zu haben; denn das bin ich auch – weniger der physischen Anstrengung wegen als der Anspannung, keinen Lärm zu machen. Ich will dem schwarzen Wilde nachstellen, nicht den schwarzen Rehböcken, die sind tabu, nein, den ganz schwarzen Gesellen der Nacht, dem Schwarzwild! Vor dem Sitz verläuft quer durch das Revier ein Hauptwechsel der Sauen … Auf der Kanzel eingerichtet und in der Schwärze der Nacht hänge ich meinen Gedanken nach: An den vorherigen Abenden hatte ich unerhörtes Waidmannsheil auf den roten Bock. Thomas, großzügig wie immer, hatte einen Rehbock freier Wahl feilgeboten.

Am ersten Ansitzabend saß ich auf der Kanzel „Schöne Aussicht". Auf dem Buckel einer Grundmoräne inmitten des lichten Kiefern-Eichen-Fichtenmischwaldes gelegen, gab es eben diese dort, die schöne Aussicht: Blick ins Tal und in den Gegenhang – belle vue á la bonheur! Lediglich Birkenkusseln und eine kürzlich umgestürzte Kiefer fünfundzwanzig Schritte vor dem Versteck verboten die ungehinderte Sicht auf die Salzlecke in der Senke, die Blickposition musste mit gehörigen Verrenkungen verdreht werden, um den Salzleckstein sehen zu können. Aber ich konnte ihn per akrobatischer Übung erblicken.

Der Blattzeit geschuldet, jetzt am Ende des julischen Monats, war ich trotz der glühenden Hitze schon am frühen Nachmittag aufgeentert, unterließ jedoch aus einem unbestimmten Gefühle das Blatten an diesem Ort und bei diesen Bedingungen. Warum, dass konnte ich genau nicht sagen, es war jenes unspezifische, aber starke Instinktgefühl, nicht zu blatten. Vorerst. Denn im Laufe der Stunden, das Für und Wider abwägend, besann ich mich am Abend eines Besseren: bei etwas kühlerer Luft Blattarien in den Wald zu …, nein nicht zu schmettern, zu flöten, leise zu flöten.

Es ist viertel nach Acht am Abend, da fiepe ich das Lied der Kitze, ein, zwei Serien. Pause. Alles ruht in der Hitze, selbst die sonst quirligen Vögel sind schlapp in Kraut und Strauch und Baum. Nochmal ruft das Kitz. Aber keine Ricke kümmert sich. Nach einer Weile setze ich zwei Serien „Piaa"-Laute hinterdrein. Immer noch ruht der Wald. Wieder schallt der Ruf der Ricke. Alles ist still. Nicht einmal die ewig rätschend-meckernden Waldschrate, die Eichelhäher, melden sich. Und auch die Buntspechte schweigen. Es ist pottenheiß.

Mit meinen elektronischen Ohreinsätzen höre ich mit einem Mal, wie ich mit dem Jackenärmel über die Armlehne schabe. Wie? Wie bitte? Die Jacke hab ich doch gar nicht an – sie liegt hinter mir auf dem Sitz! Rehwild? Ich schaue rechts, ich schaue links, ins Tal, in den Gegenhang. Nichts rührt sich, nicht ein Fetzen rote Decke ist zu sehen. Aber da war dieses Geräusch, wie wenn der Jackenärmel an trockenem Holz entlangstreicht, oder Rehwild durchs Unterholz streift. Rehwild streift durchs Unterholz?!

Das Geräusch kam von rechts, von vorne, so meine ich, von dort, wo ich nicht hineinblicken kann, zu dicht ist das Buschwerk, zu steil der Hang zum Forstweg. Ich schaue und sehe nichts als Busch und Baum. Vorsichtig und sachte fiepe ich. Hoffentlich ist das kein Fehler … Und dann steht da eine rote Ricke, unten im Tal, neunzig Meter entfernt. Sie streift durch das nicht mehr so grüne Grün, äugt in Abständen nach achtern, da muss ja wohl der Kumpane sein. Und tatsächlich, er folgt mit tiefer „Nase" ihrer Fährte. Also doch kein Ärmel auf Holz!

Der Bock treibt sein Weib gemächlich hinter dichteres Buschwerk, sie springen aus meinem Blickfeld. Jetzt verdeckt die umgefallene Kiefer das Geschehen. Für einen Augenblick sehe ich in der Senke den Spiegel der Ricke unter dem Stamm hindurchblitzen, dann jumpt sie zurück in Deckung. Dafür erscheint der Bock an der Salzlecke und markiert ausgiebig mit seinem Gehörn. Es ist ein Sechser, für hiesige Verhältnisse ein ordentlicher Bock!

An Schießen ist der nötigen Verrenkungen und des deckenden Gesträuchs wegen nicht zu denken. Und dann treibt er seine Holde, treiben sie es im Versteck, in Deckung. Wie pietät- und taktvoll! Aber nicht nach meinem Gusto! Ich muss die Rehe wieder sichtbar machen, muss sie locken. Ein paar vorsichtige Kitzfiepe und dann leidenschaftliche „Piaa"-Laute sollen es wohl richten. Die Rehe sind augenscheinlich verschwunden. Aber ich vermute sie in der kühleren Senke, die eben nur teilweise für mich einsehbar ist.

Nach der Musik verharre ich still, mustere meine Umgebung akribisch und akrobatisch. Es ist jetzt 20 Uhr 43. Vorsichtig setze ich ein paar leise Kitzlaute. Nichts zu sehen, nichts zu hören, nichts zu entdecken. Plötzlich doch eine Bewegung an der Kiefer – die Ricke zieht suchend entlang der Baumleiche den Hang hinauf und verhofft schließlich auf null Uhr direkt vor meinem Sitz, fünfundzwanzig Schritte nah. Dahinter der Bock, er verdeckt von Kiefer und Kusseln. Sie äugt starr in meine Richtung, ihr Lecker schlappt rechts, links in ihren Windfang, dann blickt sie wieder voraus und zieht ein paar Schritte vor. Offensichtlich ist sie beruhigt. Der Bock hinterher.

Ich nehme die Waffe auf, da verhofft der Bock, äugt zur Ricke, nur sein Haupt ist frei, alles andere an Körper verdeckt, er muss zwei Schritte noch machen, dann ist er frank und frei. Und nah, sehr nah! Die Ricke zieht suchend weiter, der Bock hinterdrein. Zwei Schritte, das Blatt ist frei auf null Uhr, keine zwanzig Meter weg, ich schrecke den Bock an, er verhofft, der Schuss bricht und der Bock sackt in seiner Fährte zusammen. Puh! Jetzt zittere ich! Was für eine Jagd! Als die Ricke abgesprungen ist, packe ich immer noch bange meine Siebensachen und …

Ein lautes Knacken holt mich aus meinen Souvenirs in das Hier und Jetzt zurück. Es ist immer noch duster, sehen kann ich nichts. Man möchte Augen wie ein Luchs haben, doch da dem nicht so ist, werden die Ohren zum wichtigsten der Sinne, wenn es finster ist. „Sehen mit den Ohren"! Das ist mir lieb und teuer, ich liebe dieses „Sehen mit den Ohren". Wie spannend ist es, ein Geräusch in völliger Dunkelheit zu vernehmen, das Geräusch der Richtung und der Entfernung nach zu bemessen, dann spezifischer den Verursacher versuchen zu deuten. Man lauscht, man horcht, man ortet, man bemisst, man spezifiziert, man loggt den Weg der Kreatur, man horcht sie heran, vor dem geistigen Auge entstehen Bilder, Botschaften, Fantasien. Und sollten Diana, Eos und das Glück es gut mit einem meinen, dann wird im ersten Dämmer, noch schemenhaft, noch sagenhaft, das Ohrenbild zum Augenbild, und ganz vielleicht zum Augenblick des Glücks. Glücksmomente!

Heute Morgen allerdings scheint auch Diana ob der Hitze verstimmt, und statt ihren Pflichten als edle Göttin der Jagd nachzukommen, sucht sie stattdessen das kühlende Bad mit den Schaumgeborenen. Jedenfalls ist sie nicht hilfreich und zielführend, das Knacken bleibt singulär. Ob es wohl nur ein knorriger Ast war, dem die Last der Trockenheit das Dasein brach? Wie ich auch sehe mit den Ohren, nichts erscheint vor meinem geistigen Auge, nur das Blut rauscht in meinen Ohren. Ich denke an den gestrigen Abend, da waren Diana und Thomas, vereint im Duett, mir ausgesprochen wohlgesonnen.

Einige Erzählungen waren noch „zu Laptop" zu bringen, daher war ich bereits kurz nach der Mittagszeit im Goveliner Revier. Ziel meiner Exkursion war die große Suhle, die zwar diesen vielversprechenden Namen hat, nichts davon derzeit aber halten kann. Auch hier ist das ehedem teure Nass von Schlamm und Wasser für Hirsch, Sau und allerlei anderes Getier eine einzige trockene Mulde. Aber wenigstens ist der sich anschließende Wildacker nicht zur Gänze verdorrt, die Tallage macht's möglich. Sauen, auf die es nun gehen soll, erwarte ich hier weder zur frühen Stunde, noch zur späten Stunde, aber wer weiß es letztendlich schon so genau …

Rehwild, sollte es nicht kühlere Gründe suchen, könnte hier auftauchen, aber erst später, und dann ist mein Soll daran erfüllt – der letzte Bock des Abschussplanes ist dem Jagdherrn vorbehalten. Und Thomas ist ortsabwesend auf einer anderen Jagd. Einerlei, ich habe genug zu erledigen, kann in der Jagdhütte „Captain's Quarters" neben dem eigentlichen Hochsitz der Sonne entfliehen und komme zudem besser aus dem Wind (wiewohl die Brise ansonsten hochwillkommen wäre), habe einen herrlichen Blick auf den Wildacker unten in der Senke und viel Zeit zum Schreiben!

Das Schott und alle vier Luken lasse ich sperrangelweit offen stehen. Die Stunden verrinnen, nicht nur ich glühe, mein Laptop auch. Aber es ist eine produktive und glückliche Zeit, gelegentlich schaue ich den Schmetterlingen bei ihrem Gaukelflug zu, wie sie zu den kärglichen Blüten flattern, um Kostbares zu sammeln, beobachte die Buntspechte, die klopfend und hämmernd nach Larven und Insekten sondieren, um dann wieder mit lautem Kwick-kwick-kwick das Weite zu suchen. Dann und wann quorren und kolken die Raben, in ihrem schwarzen Federkleid wird ihnen gehörig warm sein.

Vierbeiner sind keine unterwegs, Zweibeiner auch nicht – paradiesische Herrlichkeit und Einsamkeit! So vergeht der Nachmittag, ich schreibe, ich beobachte, hänge meinen Gedanken nach, und wiewohl meine jagdliche Habe sortiert, die Kipplaufbüchse geladen in der Ecke steht, die Armauflage ausgerichtet ist und die polsternde Decke auf der Brüstung liegt, bin ich gar nie nicht auf Schießen eingerichtet. Auf meinem Handy protokolliere ich die Ereignisse für den Jagdherrn, damit er im Bilde ist, was in seinem Revier an meinem Standort und in meinem Blickfeld passiert. Morgen soll er meinen Bericht bei Rückkehr ins Goveliner Revier erhalten.

Und da passiert etwas! Nach vier Stunden der Ruhe, Erbauung und Ereignislosigkeit! Es ist Punkt 18 Uhr 30, als ein Reh mit Höchstfahrt und unter erheblichem „Rasseln" rechterhand aus dem Forst prescht, vor dem Hochsitz und durch die trockene Suhle an der Salzlecke vorbei in den Wildacker tobt. Am Rande des Kräuterreiches tut es sich nieder, fünfzig Meter Luftlinie vom „Captain's Quarters" entfernt. Es ist ein schwacher Spießer, vielleicht zwei Jahre jung, links steht ein Stift von dreiviertel Lauscher Höhe, rechts ein nach hinten gebogener, kurzer Knopfspieß.

Der Bock niest und hustet unentwegt, daher also das „Rasseln" – Rachendassellarven vermutlich, er ist mager und pumpt gewaltig. Auch ihm ist es zu heiß. Der Bock passt, aber er ist dem Jagdherrn vorbehalten, und so protokolliere ich beflissentlich. Jetzt ruht er, sein Haupt liegt auf den nach vorne ausgestreckten Läufen, die Hinterläufe zur Seite wie ein Hund, und gleichfalls einem Hunde gleich liegt er auf der Flanke, seine Lichter hat er geschlossen. Er ruht nicht, er schläft tief und fest! Nur die Lauscher flicken gelegentlich, um die lästigen Stech- und Saugschmarotzer abzuwehren.

Ich protokolliere. Über eine Stunde. Da meldet sich Freund Thomas per SMS, berichtet von seiner Jagd fernab im Schleswig-Holsteinischen an der Schlei und erkundigt sich nach meinem jagdlichen Ergehen im Niedersächsischen. Ich schicke meinen Bericht vom Morgen und der Gegenwart an ihn ab. Es ist inzwischen 19 Uhr 43.

Thomas antwortet: „Schießen!!!"

Ich frage nach: „Sicher?"

Thomas besteht darauf: „Jawoll!!!"

Also mache ich mich fertig, lege die Kipplaufbüchse auf die Brüstung, als just in diesem Moment der Spießer aus seinem Lager hoch wird, sich reckt und streckt. Es ist 19 Uhr 46. Der Bock dreht über Steuerbord in den Wildacker, er steht breit, ich lasse die Kugel fliegen, sie trifft ins linke Blatt, aber das spürt er schon nicht mehr. Der Bock fällt im Feuer. Waidmannsheil und Waidmannsdank, dir, lieber Thomas! Ach ja, und auch dir, du badende Nixe Diana!

Der Bock wiegt am Ende schmale 11,2 Kilogramm, wahrlich ein Abschussbock. Aber was für eine glückliche und zufällige Abfolge der Ereignisse – Glücksmomente in einem Jägerleben! Hätte Thomas sich nur etwas später gemeldet …

Der Lichtstreif am Himmel holt mich aus meinen Träumereien. Im Gegensatz zu gestern Abend und zur nächtlichen Stunde des morgendlichen Anmarsches ist es nun etwas kühler – die Dämmerung setzt ein. Diese Stunde der Wahrheit, der Feen, Fabelwesen und Fantasien. Mit dem Feldstecher taste ich die Flur ab, schemenhaft meine ich, Busch und Baum zu erkennen, aber es ist für Farbe und Details noch allzu diesig-dunstig-dunkel.

Was ist das für ein schwarzer Fleck da links? Ich fokussiere, drehe links, drehe rechts, aber das Glas gibt nicht mehr her. Mit bloßem Auge ist erst recht nichts auszumachen. Wieder das Glas hoch. Der Fleck ist weg! Ich reibe verwundert meine Augen und setze das

Glas erneut an. Der Fleck ist wieder da, aber kleiner und schmaler scheint er zu sein. Hier gibt es eine Menge Baumstubben, aber die bewegen sich normalerweise nicht. Nur der Dunst, der Schleier der Dämmerung macht tote Materie sich bewegen … Ich stiere zu dem schwarzen Fleck, oder dorthin, wo ich meine, ihn zuletzt gesehen zu haben. Von sehen kann eigentlich keine Rede sein, ahnen wäre der bessere Ausdruck. Ich kann den Fleck nicht mehr finden, so sehr ich meine Augen auch anstrenge.

Links von mir knackt es! Und noch mal. Leise, aber deutlich! In mein Hirn stiehlt sich der Ausdruck „Sauen"! Jetzt sehe ich mit den Ohren! Ich sehhöre leises Schmatzen und kurzes Rascheln. Anders als das von Mäusen! Und dann höre ich einen kurzen Quiekser! Sauen!

Wieder schaue ich mit dem Glas zu dem schwarzen Fleck, aber der ist tatsächlich nicht mehr da, das Licht wird lichter. Abwarten! Meine Ohren sehen eine Bache mit Frischlingen, die sich links vom Sitz im Unterholz über Mäuse, Würmer und Larven hermachen. Ganz nahe sind sie. Aber sehen kann ich sie nicht. Mir wird heiß, das Jagdfieber heizt ein, eigentlich ist es schon genügend warm, da braucht's den Jagdschüttler nicht. Mit zittrigen Armen schiebe ich meine Büchse auf die Brüstung.

Im Holz brechen die Sauen. Das fahle Licht der Dämmerung lässt erste Konturen deutlicher werden, noch ist alles grau in grau, Dunst wabert zwischen den Kiefern, fängt sich hier und da im Gesträuch, versteckt, gibt frei – und da ist er wieder, der Baumstubben, etwas dunkler als die graue Diese. Ich gucke, und diesmal bewegt sich der Baumstubben und wird zur Bache. Eine Bache bricht am Baumstubben nach Maden. Deutlich vernehme ich ihr genüssliches Schmatzen, höre morsches Holz brechen, wieder Schmatzen – was für ein morgendliches Diner! Die Bache sehe ich wohl, aber wo sind die Frischlinge?

Der Dunst sammelt sich am Erdboden, gleichsam einer weißen Decke legt er sich über die Tafel aus Kraut und Gras und lässt die Bache bis zum Wanst verschwinden. Wieder höre ich einen Quiekser, diesmal aus Richtung der Bache. Also müssten doch die Kleinen dort herumbolzen. Auf einmal macht die Sau eine flotte Rechtsdrehung, der Wurf geht runter und wieder hoch, und aus der grauen Soße fliegt ein Frischling im hohen Bogen zurück in die Soße. Einige Meter weit! Der war wohl zu frech.

Da sind sie also! Diana, ich bitte darum, mache den Morgendunst seinen Schleier lüften, ich weiß nicht, wie viel Verlass auf dich ist, aber gewähre mir die Bitte. Diana ist wohl noch im Bade, das Tuch bleibt liegen.

Wie, liebe Leserinnen und Leser, soll ich es beschreiben? Da steht eine Bache im vollen Gebräch, dreißig Meter nah, Frischlinge quieken und grunzen lustig umeinander, die Rotte hat keine Ahnung von der nahen Gefahr, aber der Dunst der Dämmerung deckt gnädig sein schützendes Tuch über die Bagage ... Der Morgendunst wabert hin und her, zieht graue Fäden hier und dort, wallt auf, kommt hernieder, aber den Blick auf eines der Säule gibt sie nicht frei. Diana, du launisches Weib! Machst Dunst und Diese nach Be-

lieben zu deinen feigen Kompagnons. Inzwischen ist Farbe eingekehrt, es ist einer dieser Sommermorgen, die zu beschreiben ein schwierig Unterfangen ist: Wunderbar und wundervoll, begleitet von allerlei jubilierenden Vogelstimmen, nicht wie im frühen Jahr, wenn das Concerto symphonisch abgehalten wird, eher ein Kammerkonzert, doch ganz so impressiv. Meinem vollendeten Glücke fehlt nur das Streckemachen.

Doch will es anders kommen. Die Bache wendet und trollt gemächlich in die nahe Dickung. Wie auf Kommando hebt sich der Dunstschleier, und vier formidable Frischlinge folgen in Kiellinie der leitenden Bache, ihre Bürzel lustig hin und her schwenkwinkend. Adieu, du falscher Freund …

Trotz aller jägerischen Schmach muss ich grinsen, muss ich mich berichtigen! Nein, Diana, ich danke dir, du hast mir einen göttlichen Morgen geschenkt. Du hast mir Anlauf und Anblick in Demut geschenkt, mich teilhaben lassen am Geschenk der Schöpfung! Und du, lieber Thomas, Jagdherr, verzeih meine leeren Hände, dafür ist mein Herz recht reich beschenkt und voll! Und zufrieden dämmert mir die Erkenntnis – die nächste Dämmerung kommt ganz gewiss! In diesem Sinne ein freudiges Horrido!

Capreolus capreolus musculus

Der Raufbold

Vor kurzem fragte mein Sohn Tristan – wir betrachteten gerade die Rehbockgewichtl an der Wand –, was denn einen wirklich starken Rehbock ausmache. Eine derart vermeintlich banale Frage erschien mir wohl zu simpel für eine ernsthafte Beschäftigung damit. Also leierte ich etwas mürrisch und monoton das komplette Repertoire der Geweihbewertung herunter. Wie einfallslos, einfältig und erzieherisch wenig hilfreich …

Tatsächlich besann ich mich kurz darauf eines Besseren – irgendein letzter Funke von Fantasie und Vernunft hatte sich dann doch noch in mein Hirn geschlichen. Also sann ich nach. Ja, was machte denn wirklich einen starken Rehbock aus? War das nur die mächtige Trophäe? Die Länge und Dicke der Stangen und Enden, das Geperl, die Dachrosen, Form, Farbe und Gewicht des Hauptschmuckes, womöglich eine Abnormität? Und auch die Masse des Gebäudes? Die Farbe der Decke – weiß oder schwarz?

Nein, da war noch etwas anderes zu nennen, etwas, dass sich herkömmlicher Betrachtung, oberflächlicher Beschau und Anschauung entziehen mochte. Nein, hier wäre zwar auch die Dominanz eines Platzbockes zu erwähnen, aber da war noch etwas anderes – etwas wie Charakter, wie „Art". Wie soll ich das nur beschreiben, ohne es mir gründlich mit wissensbasierten Wildbiologen und an Fakten orientierten Wissenschaftlern zu verderben?

Nun, belassen wir es bei Charakter und „Art". Und so berichtete ich dem angehenden Jungjäger Tristan von einigen Böcken, die trotz wenig imponierenden Gehörnen trotzdem imponierend waren – eben echt starke Böcke.

Da fiel mir dann an vorderster Front ein Bock mit dem vielsagenden Namen „Raufbold" ein. Der Wüstling, durchschnittlich im Gewicht wie im Gebäude, war etwa fünf Jahre alt, als er sein bewegtes Leben ließ und mir zur lang ersehnten Beute wurde. Von diesem bewegten Leben zeugten unzählige Schmisse am Oberhaupt und Träger sowie mehrere Schlitze im rechten Lauscher. Die inneren Hälften seiner kümmerlichen Rosen waren komplett ausgebrochen, die nur knapp fingerstarken wie fingerlangen Spieße thronten allerdings auf vergleichsweise auffällig dicken, kurzen Rosenstöcken. Trotz seines bescheidenen Hauptschmuckes hatte der Bock so eine „Art" – er strahlte Dominanz, Maskulinität und Rauflustigkeit aus. Er hatte dieses gewisse Etwas. Bei einem Menschen würde man von Charisma sprechen. Der Raufbold trieb sich in Rudis wunderschönem Revier im Hohen Fläming herum. Nahe am Dorf war sein Einstand gelegen. Trotz der Dorfrandlage war sein Streifgebiet ein ideales Rehwild-Biotop. Zahlreiche Grenzlinien an Hecken, Dickungen und Wiesen wie Gräben und Schilfgürtel verlandeter Teiche machten es so wertvoll für die kleinste Hirschart. Und wegen der Nähe zum Dorf mieden Rothirsch und Damhirsch diesen Bereich in aller Regel.

Der Raufbold hielt, was andere Böcke betraf, sein Revier kompromisslos rehrein. Mehrmals hatte er trophäenstärkere Nebenbuhler zu meinem und des Jagdherrn Bedauern und ohne viel Federlesens in die Walachei geschickt. Dabei sparte er nicht mit schmerz- wie wundhaften Stößen in die Flanken der geplagten Gejagten und steckte dann und wann wohl selber Hiebe ein. Wer austeilt, muss auch einstecken können. Seine Schmisse erzählten davon! Die Nebenbuhler sah man nie oder selten wieder. Nein, gut Kirschen essen war mit dem Raufbold wahrlich nicht. Bock ging ihm besser aus dem Weg. Aber mit den Mädels, mit denen hatte er es. Auffällig viele und starke weibliche Rehe standen in seiner Nähe, in seinem Revier.

Nun war es so, dass weder die Gejagten, die eigentlich vom Kopfschmuck her interessanteren Böcke, noch der Raufbold mir gerecht vor die Büchse kamen. Das erhöhte den Reiz der Jagd auf den Grobian. Und Jagdherr Rudi hatte den streitbaren Bock längst zum Abschuss freigegeben; denn wie der Raufbold selbst eine reife Beute darstellte, so war er mit seiner Lust zum Forkeln und den gemeingefährlich spitzen Spießen auch eine Gefahr für andere Böcke, verletzte diese und vertrieb sie auf Nimmerwiedersehen bis weit ins Nirgendwo. Und das gehörte nicht mehr zu Rudis Revier … Aber es nahte die nächste Brunft- und Blattzeit!

Ende Juli 2003, der vorletzte heiße Jahrhundertsommer: Ich sitze auf der Dorfkanzel, die, wie könnte es anders sein, ihrem Namen entsprechend am Dorfrand steht. Also in bester Lage zum Einstand des Raufboldes. Genau genommen steht sie an einer Wiese am Kiefernwaldrand. Die Kanzel hat schon bessere oder schlechtere Zeiten, ganz wie man es betrachten will, erlebt. Sie ist eine von den Bauten aus Zeiten des untergegangenen Arbeiter- und Bauernstaates, und mit ihrer phänomenalen Größe erinnert sie an Erich Honeckers Tanzpalast. Oder eher Schlafpalast. Jedenfalls ist sie in die Jahre gekommen, wird jagdlich kaum noch genutzt.

Mir aber soll die Dorfkanzel nun nutzen, denn mich gelüstet es, den Raufbold auf die Decke zu legen. Gelüsten tat es mich schon öfter, aber seit jeher trickste er mich aus. Ob es wohl endlich klappen wird, nun da es Blattzeit ist und auch der Raufbold im Liebeswahn unvorsichtiger werden dürfte?

Ich richte mich auf der modrigen Schlafkanzel ein, schiebe die schwergängigen Glasfenster auf, quietschend geben sie meiner Kraftanstrengung nach. Es ist Viertel vor vier am Morgen, vor mir liegt die taunasse Wiese, dahinter die bürstendichte Fichtendickung, weiter unten das Randgehölz. Diese Fichtendickung ist einer der vornehmsten Orte des Raufboldes. Noch zeigt sich kein Stück auf der Wiese, ich muss mich in Geduld fassen. Etwas wird schon gehen! Ich habe Zeit, mir die Zeit zu vertreiben – die Gedanken streifen die Vergangenheit: Wie wohl hier die Jagd zu Zeiten Erich des Schrecklichen war?

Ich bin mittenmang bei Erich H. und Erich M. und Willi St. und den vielen anderen Schreckgespenstern einer noch nicht in Gänze vergangenen Zeit, als mich nach einer halben Stunde der Kontemplation eine Bewegung in der Wiese aus tristen Gedanken reißt: Vom Dorfrand rechts zieht eine Geiß auf die Wiese. Es ist ein starkes Stück, deutlich ist ihre pralle Spinne zu erkennen. Wo ist der Nachwuchs? Die Ricke lockt, und auf ihr Locken springen zwei Kitze aus der unteren Dickung hervor. Und gleich geht es an die Milchbar. Allerliebst ist das Trio da im Grünen anzuschauen.

Bald darauf zieht eben aus dieser unteren Dickung ein Schmalreh auf die Wiese. So denke ich jedenfalls, denn das Stück ist um etliches schmaler und graziler als die dicke Ricke mit den Zwillingskitzen. Und eine Spinne kann ich auch nicht erkennen.

Kaum erblickt die Ricke das herannahende Schmalreh, da prescht sie vor und rennt dabei ihre an der Spinne saugenden Kitze über den Haufen. Wie eine Furie rast sie auf das Schmalreh zu und treibt das arme Ding über die Wiese. Hin und her geht die Hatz, nur von kurzen Pausen unterbrochen, und mir scheint es, als wenn ein Bock eine Geiß triebe. Keine der Kontrahentinnen lässt nach und so geht es eine Weile kreuz und quer über den Weidengrund. Das Treiben nimmt erst ein Ende, als ebenfalls von rechts, von wo die dicke Ricke kam, ganz unverhofft der Raufbold auf der Fläche erscheint – unverhofft jedenfalls für mich, so fasziniert bin ich von dem Geschehen da unten.

Der Raufbold verhofft am Rand, alle drei Rehe mustern sich, von den Kitzen ist im hohen Aufwuchs nichts zu sehen. Dann stiebt der Bock auf das Schmalreh los, auch er treibt das gebeutelte Ding wie ehedem die dicke Ricke, allerdings wohl mit anderen Absichten als diese. Die Geiß beruhigt sich, nun, da der liebestolle Galan das Treiben des Schmalrehs übernommen hat. Sie legt ihre Kitze etwas weiter unten ab und beginnt seelenruhig, in der Weide zu äsen, als hätte sie niemals etwas anderes im Sinn gehabt. Währenddessen sich der Raufbold und das Schmalreh dem liebestollen Treiben hingeben.

Wieder geht es hin und her und kreuz und quer über die ganze Wiese, allerdings deutlich freundlicher und verspielter als zuvor! Vom vielen Spekulieren mit dem Feldstecher bekomme ich schon Schwielen um die Augen, das Geschehen ist einfach zu spannend! An Schießen ist bei dem Getümmel nichts zu tun, zu denken schon – ich muss warten, bis der Reigen da unten zum Stillstand kommen wird.

Und er kommt zum Stillstand, aber so plötzlich, dass ich den Moment verpasse, als sich der Raufbold ermattet in die grüne Wiese niederlässt. Das Schmalreh äst derweil und verhält sich, als könne es nie und nimmer ein Wässerchen trüben oder Härchen krümmen – typisch Weib! Weiter unten steht die starke Geiß. Auch sie tut ganz unbeteiligt – beide Stücke lassen sich jetzt in Ruhe und äsen friedlich. Der Raufbold liegt im Lager, nur sein Haupt und seine Lauscher sehe ich ihn permanent schütteln, um die lästigen Brummer loszuwerden, die stechend, saugend und schmarotzend auch ihm zur Qual sind.

Einen Augenblick nur, lediglich einen Wimpernschlag lang, schaue ich nicht auf das Geschehen in der Wiese, da treibt der Raufbold das Schmalreh schon wieder an! Chance verpasst! So komme ich nicht zum Beutemachen! Diesmal ist dem Galan wohl nicht ums Liebesspiel getan, denn wohl treibt er das Schmalreh energisch an, aber wie zuvor habe ich keine Schussmöglichkeit, und dann biegt der Bock ab in die Fichtendickung. Hinter seinem weißen Spiegel schließt sich der grüne Vorhang! Ich bin allein mit den beiden weiblichen Stücken, die friedlich in der Wiese vom Kraut naschen.

Mittlerweile ist es kurz vor sechs Uhr, die Zeit ist wie im Fluge verstrichen, und ich muss mir etwas einfallen lassen, bevor es zu spät wird! Ich fiepe gleich volle Kanne – Rickengeplärr und Angstgeschrei! Der Bock erscheint direkt vor mir und zieht auf meinen Sitz zu. Der Schusswinkel ist ungünstig, ich muss umbauen, so geht es nicht. Aber der Raufbold wäre nicht so alt geworden, wäre er nicht misstrauisch gewesen. Mein Umbauen macht ihn misstrauisch, hurtig zieht er schräg links zurück zum Dickungsrand.

Jetzt macht er einen Fehler, der wüste Raufbold, er macht ganz auf unverwundbarer Feldherr, indem er nicht unverzüglich in die schützende Dickung einzieht, sondern erst noch von den grünen Fichtentrieben nascht.

Die Kugel trifft ihn um Schlag sechs Uhr! Aber auch jetzt zeigt der Raufbold seine Stärke – er springt ab in die dunkle Dickung! Trotz allem – ich bin mir meines Schusses sicher. Aber sicher ist sicher, also packe ich meine Sachen zusammen. Vor dem Abbaumen von der alten Dorfkanzel ein letzter Blick zum Anschuss zum Merken. Und einer über die Wiese: Die starke Geiß und ihre Zwillinge sind nicht mehr zu sehen, aber das Schmalreh steht wie unbeteiligt in der grünen Matte!

Zwanzig Minuten nach der Schussabgabe bin ich am Anschuss, der mitten in Brennnesseln und Brombeeren am Rand der Fichtendickung gelegen ist: Lungenschweiß, viel Lungenschweiß! Aber kein Raufbold liegt, soweit ich in der grünen Hölle sehen kann! Doch ich weiß, er wird liegen, der Raufbold.

Da Jagdherr Rudi um Suchenmöglichkeiten für seine Deutsch-Langhaar-Hündin Dana gebeten hat, mache ich kehrt und marschiere zum Wagen, um Hund und Herrn zu holen. Endlich wird der Zirkus auch dem Schmalreh zu bunt, und ich habe ein wunderbares Aha-Erlebnis: Als ich mit meinem Wagen losfahre, holt das vermeintliche grazile Schmalreh sein Kitz ab und springt mit dem Nachwuchs in das Randgehölz ab! Donnerschlag, es ist eine Ricke, kein Schmalreh! Zwei Ricken und der Raufbold! Der alte Schwerenöter!

Kurz darauf führt uns Dana auf der roten Fährte achtzig Meter in die dunkle Fichtendickung, und da liegt der Raufbold zur letzten Ruhe im hohen Farnkraut. Ruhe in Frieden, Raufbold – du warst und bist ein ganz starker Bock!

Eine traumhafte Reise

Auf Murmel

„Wem das Träumen ist gegeben, der hat mehr Erleben“ – in Abwandlung einer alten Weisheit möchte ich als unwissender Flachländler meinen Jagdkameraden des platten Landes die Faszination der Bergwelt und der Bergjagd nahebringen. Echte Bergler und Gebirgsjäger mögen mir meine Impertinenz und Unwissenheit nachsehen und gnädig den Mantel des Verzeihens über mich und meine Liebeserklärung an die Berge und die Gebirgsjagd decken.

„Da ist ja eins!“, ruft Vinni aufgeregt und zeigt in die Richtung seiner Entdeckung. Da war eins, muss es jetzt heißen. Denn, schwupp, ist das Murmeltier wieder weg, verschwunden in seiner Höhle, seinem unterirdischen Bau. Das war zu viel an Bewegung und Erregung. Also auf ein Neues.

Meinem Jüngsten kann ich nicht böse sein. Leise erkläre ich Vinni noch einmal die Spielregeln der Murmeltierjagd: still in Deckung liegen, gute Auflage haben, den weiten Schuss mit der Hornet tätigen oder der .222 Rem., keinesfalls in der Nähe zum Bau schießen oder wenn, dann einen Kopfschuss antragen. Sonst ist der Nager unrettbar verloren. Hier oben im Stein gräbst du keinen Bau auf wie im sandigen Flachland bei Fuchs oder Dachs, und das ist da schon eine Schinderei und nicht immer von Erfolg gekrönt …

Vinni nickt verständig. Wir vier liegen hoch am Berg auf der Alm, in duftendem Gras und hinter Felsblöcken gut versteckt. Die Sonne brennt trotz des frühen Morgens gnadenlos vom Firmament, hinter uns steigt die Wand steil in den blauen Himmel, ein paar kleine Wolken bilden sich dort, bringen aber nicht so recht Schatten. Gott sei Dank geht vom Tal her eine kühle Brise in die Wand.

Wegen des aufsteigenden Windzuges haben wir uns oberhalb der Kolonie verschanzt. Von der Kolonie haben wir noch nicht so viel gesehen, ein, zwei Murmel erst, Jungtiere oder Affen, den letzten hat Vinni gerade erfolgreich verscheucht. Es heißt warten!

„Papa, ich hab Hunger." Maxi hat immer Hunger, er kann futtern wie ein Scheunendrescher, ohne auch nur ein einziges Gramm Speck aufzulegen. Beneidenswert.

„Und ich hab Durst", fällt Trissi, unser „Erdhörnchen" und damit entfernter Verwandter der Murmel, in den Chorus ein.

Vinni, der Murmelschreck, ergänzt zum Kanon: „Hast du die Gummibärchen mit?"

Bärchen oder Bär, das ist das Stichwort. Ich darf auf einen Bären waidwerken, soll, soweit irgend möglich, die Katzen schonen. Die Unterscheidung ist für einen Flachländer gar nicht so einfach, der keinerlei Erfahrung mit der Jagd auf den Mankei hat. Aber der großzügige Beständer ist zuversichtlich und traut mir einiges zu – mehr als ich mir selbst. Daher muss ich mich gehörig anstrengen. Schon allein, um dem Vorurteil der Bergjager über die Flachlandjäger keine zusätzliche Nahrung zu geben … Klavinus lässt grüßen!

Eine kleine Vesper könnte nicht schaden, satter Bauch macht zufrieden und schläfrig, besser, als dass meine Rangen quirlig, weil unterzuckert, rumnörgeln oder rumzappeln. Jagdpassion hat die wilde Bande zur Genüge, aber einem Teenager und einem Kind knurrt der Magen eben schnell. Auch meiner knurrt, das wird mir gradewegs klar, als ich über die Atzung meiner hungrigen Meute nachdenke.

Vorsichtig rollen wir uns von den kleineren Felsklumpen hinter einen großen Brocken, wo wir alle Platz haben und nicht von den wachsamen Nagetieren eräugt werden können. So hoffe ich jedenfalls! Mit den Rücken liegen wir am Fels, noch kühlt der Stein, da klauben wir aus den prall gefüllten Rucksäcken allerlei Gutes: trockene Wildwurst und fetten Räucherspeck, festen Käse und kleine, süße Äpfel aus dem Garten des Beständers, graues Brot, und Tee mit Tannenhonig! Alles selbst hergestellt. Sogar der Honig, der ist allerdings vom Bergbauern und dessen Bienen gestiftet. Das nennt man lokal produziert, das ist wirklich „Bio“.

Schmatzend genießen wir die Leckerbissen, schauen über Berg und Tal ins Land. Unten im Tal sehen wir einige Trecker Grassilage einfahren, zu hören ist davon hier oben nichts. Stattdessen lauschen wir den Alpendohlen und Tannenhähern, hören Nusshackl und einige Tauben und viele der kleinen Singvögel, die ich im Einzelnen weder anhand ihres Aussehens noch ihres Gesanges bestimmen kann. Leider. Mein südafrikanischer Kapitänskollege und Ranger, Freund John Pexton, nennt sie auf Safari immer „one of the many little brown birds“ … und John ist nun wahrlich ein Kenner der Fauna und Avifauna des südlichen Afrikas! Ich bin also quasi absolutiert, dass ich nicht jeden Piepmatz kenne. Aber man könnte es ja in einschlägiger Fachlektüre nachschlagen, zum Beispiel in „Was fliegt denn da?“.

Auf einmal deutet Trissi in den blauen Himmel und murmelt leise mit vollem Mund: „Schtadler!“

Ich folge seiner Armbewegung, kann aber weder etwas erkennen, noch verstehe ich „Schtadler". Fragend schaue ich ihn an, blicke dann vorsichtshalber zur Almenmatte, die Almenmatte ist leer, kein einziges Murmel ist zu sehen, dann wieder zu Trissi.

Der schluckt, würgt seine Atzung herunter, deutet wieder in den azurblauen Himmel und flüstert leise: „Steinadler!" Na also, ohne vierhundert Gramm im Maul geht es doch.

Tatsächlich, über der Kante der Wand schwebt ein Adler, schwarz in blau, mühelos segelt er seine Kreise in der Thermik, wunderbar anzuschauen. Mit dem Glas und Teleskop noch besser. Seine Majestät, der Herr der Lüfte. Und der andere Schrecken der Murmel. Den brauchen wir nicht nachzuschlagen! Den erkennen wir auch so. Solange der Steinadler dort kreist, kann ich die Murmeljagd vergessen. Der Steinadler ist der bessere Murmeljäger.

Ich bin noch nicht ganz fertig mit meinen Gedanken, da ist Vinni wieder an der Reihe. Ganz vorsichtig deutet er mit seinem Arm nach links unten und sagt leise: „Murmeltier!"

Verblüfft schaue ich in die angezeigte Richtung, kann aber aus meiner Position nichts entdecken. Vorsichtig rolle ich zur Seite, und tatsächlich, da toben zwei, drei, vier Affen vor ihren Burgen herum. Als wäre der Herr der Lüfte ein Phantom. Mein Daumen geht hoch in Richtung Vinni, er ist voll und ganz rehabilitiert, ich blamiert; denn ich merke wohl gar nichts!

Doch das Balgen der Affen ist von kurzer Dauer – als der Adler wieder über dem Grat sichtbar wird, hören wir mehrere Pfiffe und die jungen Dinger fahren blitzschnell in die Löcher ein. Besser ist das!

Alle Jungs haben das Ereignis verfolgt, nun wird wohl wieder Pause sein mit Mankeibeobachtung und -jagd. Zufrieden ruhen wir nach dem Mahle, Vinni verdrückt als einziger noch ein paar Gummibärchen, die sind zwar nicht wirklich „Bio", dafür aber Haribo, und der Mann aus Bonn war ja auch ein großer Jäger in seinem großen alpenländischen Revier. Aber sei's drum und sei es Vinni gegönnt, die Kirche soll schließlich im Bergdorf bleiben und er die Bergjagd auch kindgerecht kulinarisch genießen dürfen.

Es ist heute übrigens das erste Mal, dass wir hoch oben im Berg keine Gamsen sehen. Ob es an dem König der Lüfte liegt? Halb dösend denke ich über den Brüsseler Unsinn nach, dass verunfallte Rinder und Aufbruch nicht mehr im Berg liegen bleiben dürfen. Dem Bartgeier und seiner Ausbreitung im alpenländischen Raum wird es nicht förderlich sein. Spanien geht da einen anderen Weg. Inzwischen. Ziviler Ungehorsam, der aber rechten Sinn macht. Oder träume ich? Bin ich auf der falschen Fährte?

Ein kleiner Schlummer hat mich wohl übermannt, denn als ich die Augendeckel aufklappe ist es mir heiß, ich liege inzwischen in der prallen Sonne, die um einiges gewandert ist. Meine Jungs liegen clever im Schatten der Zirbenkrüppel und schnorcheln vor sich hin. Ich lunze über meine Schulter nach den Nagern. Sacklzement noch mal! Da tobt die komplette Kolonie auf der Alm herum, und ich Depp schlafe den Schlaf der Deppen.

Vorsichtig robbe ich in bester Infanteriemanier zu meinem Stein, wo mein Repetierer auf der zusammengerollten Wolldecke ruht. Dort angekommen hebe ich vorsichtig meinen Schädel aus dem Gras, spekuliere. Ich versuche das Gewusel da unten zu sortieren, nach jagdbar und nicht so jagdbar, nach groß und nicht so groß, nach Bär und Katze.

Nach einer Weile ergibt sich ein Bild – oberhalb der Hauptarmada liegen ein paar größere Murmel und starren schnurstracks in den Himmel, ohne es den wuseligen Affen in Hektik und Geschäftigkeit gleichzutun. Wohl mümmeln sie gelegentlich von den Kräutern und Gräsern, verschwinden auch mal in ihren Löchern, alles in allem aber sind sie wesentlich ruhiger, will sagen aufmerksamer als die Bande weiter unten. Ein ganz besonders fetter, dicker, großer Murmel fällt mir auf – das muss ein Bär sein. Der Oberbär.

Ich fummele nach meinem Entfernungsmesser, stolze 102 Meter zeigt er an. Das ist für so ein kleines Ziel wie den Kopf des Bären doch recht weit - machbar, aber „no margin for error". Denn der fette Bär liegt ausschließlich direkt vor seiner Burg. Da muss ein Kopfschuss her.

Meine geschätzte Freundin Gabriele Haslinger, nicht nur eine begnadete Künstlerin der jagdlichen Kunst, Bildhauerin, Malerin und Zeichnerin, sondern auch kundig in Heilpflanzen, Tinkturen und homöopathischen Destillaten aller Art, bat mich vorab dieser Reise in die alpenländischen Berge, ihr bitte das Weiße, das Fett des Murmels – sollte ich eines erlegen – auszulassen und zu überlassen. Sie wolle daraus eine heilende Salbe zum Zwecke der Rheumakur und Heilung anderer Leiden anrühren. Nun, ich stehe im Wort, da ich ihr bei der letztmaligen Erlegung eines Dachses in den Bergen des Sauerlandes versehentlich nicht den Schmalz von Schmalzmann überließ. Daher nun mein Versprechen, sie bei der nächsten Jagd auf den Dachs oder den Murmel zu bedenken. Und auf der Murmeljagd bin ich jetzt! Sind wir jetzt!

Rechts und links von mir erscheinen Maxi, Trissi und Vinni in tiefster Kriechart, ich habe sie in meinem Jagdeifer gar nicht bemerkt! Jetzt weise ich sie vorsichtig ein, beschreibe den Bär, auf den ich es abgesehen habe. Maxis Daumen geht hoch, Trissis auch, nur Vinni muss noch einmal eingewiesen werden, dann geht auch sein Daumen hoch.

Vorsichtig richte ich das Gewehr aus, lege mich so bequem als möglich, verkeile Ellbogen und Füße, so müsste es gehen, drehe auf 12-fache Vergrößerung, der Kopf des Bären erscheint verhältnismäßig groß im Glas, er mümmelt gerade einen Halm, der wackelnd und zitternd hinter seinen gelb-orangenen Nagezähnen verschwindet. Mein Zeigefinger liegt am Abzug, ich steche ein, da sehe ich, wie der Nager sich strafft und streckt, und weg ist er. Den Pfiff nehme ich nur nebenbei war. Aber den Schatten sehe ich allzu deutlich, als ich meinen Kopf hebe und über die Waffe schiele – der Adler huscht in tiefem Gleitflug über die Alm, und die Bühne ist leergefegt. Beide Murmeljäger gehen erst mal leer aus!

Heia, das war was! Blickwechsel mit meinen Jungs – Augen groß wie Unterrassen: Das erlebt man nicht alle Tage! Der Adler hat wieder Luft unter seine Schwingen geschaufelt und fliegt über das Tal, gewinnt an Höhe. Auch er muss einen neuen Anlauf starten. Dann verschwindet er hinter einem Fels.

„Das war ja geil“, rutscht es Maxi begeistert raus, nicht gerade eine jagdliche Beschreibung, aber voller Inbrunst und Passion. Und Trissi hebt den Daumen und Vinni nickt.

„Liegen bleiben“, fordere ich, „kommt wieder!“ Ob ich den Adler oder die Mankei oder beide meine, lasse ich vorerst offen.

Trotz aller Passion jedoch – die Sonne knallt trotz der späten Nachmittagsstunde so unbarmherzig in die Bergwelt, dass wir heute wohl kaum noch das Jagdwild rechtzeitig in Anblick bekommen werden. Wir brechen für diesen Tag die Jagd ab und machen uns an den Abstieg, aber so werden wir wenigstens beizeiten zur abendlichen Brotzeit an der Hütte sein. Vesper muss sein! Morgen wollen wir wieder in aller Frühe oben am Berg erscheinen.

Das Wetter des neuen Jagdtages wird so werden, wie das des alten war: Sonnenschein pur vom Azurfirmament. Da gilt es, früh auf der Alm zu sein, wenn es noch nicht allzu warm ist, solange die Bären und Katzen und Affen noch fit und fetzig sind. Im Morgengrauen sind wir in geschlossener Formation unterwegs, bewältigen in der Frühe und Kühle den Steig, und ohne Klagen der Rangen. Wir lagern und liegen am selben Ort, im noch taunassen Gras, es gibt keine Änderung der Strategie. Noch ruht die Kolonie.

Als die ersten Farben in Berg und Tal einziehen, da lassen sich auch die Erdhörnchen blicken. Putzig sind sie anzuschauen, wie sie sich gegenseitig begrüßen, die Köpfe aneinander reiben, dann flink und hurtig mit der Hinterhand hier und da das Juckende im Balg entfernen und überhaupt Balgpflege betreiben oder ganz lustig umeinander rangen und toben.

Ob mir wohl heute das Beutemachen gelingen wird? Ob ich heute den gewünschten Bären erfolgreich strecken kann? Was wird dieser Jagdtag bringen? Es ist der vierte Tag im Bergrevier, langsam könnte es doch einmal passen! Aber Ungeduld ist kein guter Begleiter, allemal gar nicht ein guter Ratgeber auf der Jagd und schon gar nicht im Gebirge! Und außerdem ist Beutemachen nicht alles. Ultimatives Ziel der Jagd, aber eben bei weitem nicht alles. Trotzdem würde es mir gefallen …

Plötzlich stupst Maxi seinen Ellbogen in meine Flanke! Ich blicke über das Gewehr in die Gegend, Trissi und Vinni deuten beide in dieselbe eine Richtung: Etwas oberhalb der Kolonie erscheint der Oberbär! Ich greife zum Teleskop – riesig erscheint der Bär im Spektiv. Der passt wirklich!

Ich tausche Spektiv und Repetierer, habe den Bär gut im Visier, aber er hockt noch halb in seiner Burg. Er wird sich noch etwas bewegen müssen, heraus aus seinem Verhau, einen solchen Kunstschuss und damit den eventuellen Verlust des Mankei möchte ich nicht riskieren. Aber der fette Kerl tut mir den Gefallen nicht. Anspannung bemächtigt sich meiner, ich fange an zu schwitzen, ach was, der Schweiß perlt von Stirne und Schläfen und rieselt sonstwo noch. Nur nicht nervös werden!

„Papa, warte noch“, rät mir Maxi leise, aber das tue ich ja.

Entspannt die Situation aber auch nicht wirklich. Aus dem Augenwinkel sehe ich Trissis Daumen hochgehen. Tatsächlich, der Bär bewegt sich aus seinem Loch heraus. Ich visiere von neuem, bin aber zu langsam, denn da legt sich der Oberbär platt hin zum Sonnenbade in der Früh. Jetzt kann ich ihn nicht mehr wirklich guten Gewissens anvisieren und beschießen – er gibt keine Visierfläche her, und aufrichten darf ich mich nicht, das wäre das Ende dieses Jagdversuches. Also bleibe ich im Ziel, oder in dem, was ich davon zu erahnen meine.

Die Sonne steigt am Himmel, die Temperatur steigt mit jeder Minute. Es ist noch nicht pottenheiß wie gestern, aber Anspannung und Erwartung wie Sonnenstrahlen machen mich schwitzen. Ich wische mir den Schweiß von der Stirn, schaue wieder durch das Zielfernrohr – keine Änderung, der Oberbär genießt sein morgendliches Sonnenbad. Notgedrungen schaue ich nach einer alternativen Beute, aber so sehr ich mich auch mühe, nicht wirklich fündig werde ich. Ob es wohl an meiner unbestreitbaren Ahnungslosigkeit mit dieser Wildart liegt?

Da! Der Bär hat seine platte Liegeposition aufgegeben, ich sehe jetzt seinen Schädel. So müsst es passen. Aber der Jagdkobold ist erwacht: Ich bekomme Jagdfieber, werde zittrig! So wird es mit dem Schuss in den Schädel nichts werden, ich wackele wie ein Fähnrich beim ersten Infanterieschuss – ein wedelnder Lämmerschwanz ist gar nichts dagegen. Ich brauche den Körper als Ziel, sonst könnte es ein Malheur geben. Und das vor den Kindern! Niemals! Alle Augen der Jungs sind auf mich gerichtet, das spüre ich, während ich durch das Zielfernrohr lunze und den Oberbär anvisiere. So sollte es doch eigentlich gehen!

Plötzlich flitzt der Bär zu seinem Bau und verschwindet – verdamm mich! Aber die Kolonisten tollen noch herum, kein Pfiff war zu vernehmen, also keine Gefahr oder Entdeckung des Feindes. Und tatsächlich, nach einem Augenblick ist der Mankei wieder draußen, trollt sich aber hinter eine Bodenwelle und ist augenblicklich nicht zu sehen.

Wieder heißt es abwarten! Mir rinnt der Schweiß in Strömen, während meine Jungs zwar gespannt, aber total entspannt aussehen. Merkwürdig! Wie kann das angehen? Ich kann mir keinen Vers darauf machen, muss mich auch vornehmlich auf mein Ziel konzentrieren, fokussieren.

Der Murmel kommt aus der Bodenwelle raus, also recht weit von seiner Röhre, aber weiß ich, ob da, wo er jetzt mümmelt, nicht auch eine Röhre ist? Ich traue dem Oberbär nicht zu, dass er sich weit von einer Zufluchtsmöglichkeit entfernt ... Vinni will mir irgendetwas deuten, aber ich habe dafür jetzt wirklich keinen Nerv und keine Zeit!

Ich ziele auf den Mankei, seinen Schädel, mein Zeigefinger liegt am Abzug, ich steche ein, da sehe ich, wie der Nager sich strafft und streckt, gleichzeitig Vinni wild gestikuliert und in den Himmel deutet, höre Trissi „Steinadler!" rufen und Maxi „Paps, schießen!", und ich lasse die Kugel fliegen. „Pang-pang-pang" hallt der Schuss merkwürdig rasselnd zurück von den Felswänden, und die Bergalmbühne ist öd und leer …

Nur langsam dringt das Gerassel des Weckers in mein Bewusstsein, wache ich mühsam auf. In der Dunkelheit haue ich mehrmals daneben und dann endlich drauf, beende den unbequemen Appell, muss mich erst einmal besinnen. Schweißüberströmt bin ich. Und frage mich ganz beduselt, wo und wer ich bin. Ich stiere blöde an die Zimmerdecke, bis ich mich erinnere. Ich blicke mich um. Die Bengel schlafen noch, trotz des rasend-rasselnden Weckers. Beneidenswert. Und ich hab also alles nur geträumt!

Es ist drei Uhr am Morgen und wir wollen raus zur Jagd auf den roten Bock. Wir sind nicht im hohen Berg! Wir sind im tiefen Tal! Ich schwinge meine Beine aus dem Bett, sitze da noch etwas belämmert, denke über diesen Traum, diesen Wahnsinnstraum nach. Zur Mankeijagd war ich noch nie, aber das wird, so denke ich jetzt etwas mehr bei Sinnen, unbedingt nachzuholen sein. Ja absolut!

Ich wecke meine Jungs, Maxi, Trissi, Vinni. Als auch sie nach einer Katzenwäsche und der Verspeisung einer Landjägerwurst mit Spiegeleiern auf Brot bei Sinnen und aufnahmefähig sind, erzähle ich von meinen Traum. Von diesem jagdlichen Traum. Von dieser traumhaften Jagd im Gebirge. Auf Murmel.

„Wie cool ist das denn!", höre ich, und „der absolute Wahnsinn!" – die Lingua der Halbstarken. Aber ich vernehme auch: „Das können wir doch demnächst mal gemeinsam machen!"

Ja, können wir und werden wir – und das sind wahrlich wahre Glücksmomente eines Jägerslebens!

Bildnachweis
Mit 17 Zeichnungen von Gabriele Haslinger

Impressum
Umschlaggestaltung von Populärgrafik, Stuttgart, unter Verwendung zweier Farbfotografien (Cover und hintere Klappe) von Maximilian-Lennart von Prittwitz und Gaffron.

Mit 17 Schwarzweiß-Illustrationen

Unser gesamtes Programm finden Sie unter **kosmos.de**.
Über Neuigkeiten informieren Sie regelmäßig unsere Newsletter, einfach anmelden unter **kosmos.de/newsletter**

FSC www.fsc.org MIX Papier aus verantwortungsvollen Quellen FSC® C014496

Gedruckt auf chlorfrei gebleichtem Papier

ISBN 978-3-440-16040-4
Redaktion: Ekkehard Ophoven
Gestaltung und Satz: DOPPELPUNKT, Stuttgart
Produktion: Angela List
Druck und Bindung: GGP Media GmbH, Pößneck
Printed in Germany / Imprimé en Allemagne